도쿄 맛집 여덟 곳의 특급 레시피

돈가스의 기술

시바타쇼텐 엮음

클

지금, 돈가스가 핫하다!

유명 돈가스집에 연일 길게 늘어선 줄. 돈가스에는 성별도 세대도 초월하여 많은 사람을 매혹하는 힘이 있습니다. 전형적인 일본 요리로서 일본을 방문한 외국인에게도 인기 있는 돈가스는 과거에도 현재도 사랑받았지만, 최근 들어 대도시를 중심으로 더욱 고급스럽고 전문적인 요리가 되어가는 흐름이 눈에 띄게 커졌습니다. 재료도 조리법도 철저하게 연구하고 지켜나가려고 하는 장인의 기개가 돈가스의 매력을 한층 더 높여놓은 것입니다. 요리로서 표현의 폭도 넓어져, 메뉴에서도 가게의 스타일에서도 개성을 느낄 수 있는 사례가 늘고 있습니다.

이 책에서는 돈가스집과 양식당, 총 여덟 곳의 기술과 아이디어를 소개합니다. 돈가스뿐만 아니라, 새우프라이, 크림고로케, 굴프라이 등 '일본 프라이*'의 맛을 완성하는 비결도 공개하겠습니다.

* 이 책에서 말하는 '프라이'는 일반적인 튀김을 통칭하는 것이 아니라 빵가루가 포함된 튀김옷을 입혀 튀긴 요리만을 뜻한다.

이 책을 사용하기 전에

- 이 책은 2018년 9월부터 12월까지 취재한 내용을 종합한 것입니다.
  메뉴명은 해당 가게의 표기에 의거했으며, 요리 내용과 가격은 취재 당일의 것으로서,
  해당 가게의 사정에 의해 바뀔 수 있습니다.
- 가게 데이터와 설명은 2019년 2월 현재의 내용입니다.
- 액체의 분량단위는 g 등 중량에 따른 표기와, ml 등 용적에 따른 표기가 있으며,
  취재 식당의 계량법에 따랐습니다.
- 1큰술은 15ml, 1작은술은 5ml입니다.
- 조리할 때의 온도, 화력, 시간, 재료의 분량은 어디까지나 표준이며, 주방 조건,
  열원과 가열기기의 종류, 재료의 상태에 따라 달라집니다. 적절하게 조정해주세요.

촬영 海老原俊之 / 디자인 飯塚文子 / 교정 安孫子幸代 / 편집 吉田直人, 笹木理恵

한국어판 일러두기

- 본문 내용 중 파란색 글씨로 된 설명은 한국 독자들을 위해 옮긴이가 추가한 것입니다.
- '커틀릿'을 뜻하는 일본어 かつ(katsu)는 국어사전에 등재된 '돈가스' '비프가스'를 제외하고, 외래어표기법에 의거하여
  '카쓰'(어두에서는 '가쓰')로 표기해야 하나, 이 책에서는 용어의 통일성을 위해 모두 '가스'로 표기했습니다.

기본 돈가스
돈가스 & 프라이의 베리에이션

* 브랜드나 품종의 이름이 아니라 Specific Pathogen Free라는 뜻으로 돼지가 걸리기 쉬운 특정한 병의 원인을 차단하여 사육된 돼지를 일컫는다.

이 책에 등장하는 가게와 장인 그리고 돈가스 정식

메뉴와 공간에 아이디어가 가득 담긴

가스요시かつ好 [도쿄 닌교초]

점주
미즈카미 아키히사
水上彰久

돈가스는 단품이 기본. 사진은 가로미가스. 별도의 접시에 간 무와 와사비가 함께 제공된다. 레몬은 씨가 떨어지지 않게 망사에 싸서 나오는 점이 독특하다. 밥, 쓰케모노(절임류)와 국물은 각 250엔. 쌀은 니가타 우오누마산 고시히카리를 사용하며, 오부세산과 마쓰모토산의 신슈미소 2종류를 블렌드한 미소시루(된장국)에는 모시조개와 대파가 들어 있다.

서민 동네에 뿌리를 내린, 잘 차려진 돈가스

스기타すぎ田 [도쿄 구라마에]

점주
사토 미쓰오
佐藤光朗

돈가스는 단품이 기본. 사진은 돈가스 로스. 밥(절임류 포함, 1회 리필 가능)은 나가노 노자와온천산 고시히카리를 사용하며, 알알이 살아 있는 갓 지은 밥을 사용한다. 돈지루(일본식 돼지고기 된장국)의 돼지고기는 육수를 내기 위해서만 사용하고, 건더기로는 쓰지 않는 것이 특징. 적, 백, 누룩 3종류의 미소를 블렌드한 담백한 맛이다. 건더기로는 우엉, 당근, 무 등이 쓰인다.

하얀 돈가스가 내뿜는 강렬한 개성

나리쿠라 成蔵 [도쿄 다카다노바바]

점주
미타니 세이조
三谷成蔵

사진은 황맥돈 로스가스 정식. 메인디시의 담음새는 돈가스와 채 썬 양배추로 단출하나, 정식에는 밥, 돈지루, 오신코(절임), 2종류의 고바치(반찬)가 제공되는 꽉 찬 구성. 고바치는 오히타시(시금치, 채소 등을 데쳐서 조미된 국물에 담그거나 무쳐낸 음식)나 초절임 등 매번 바뀐다. 돈지루의 건더기는 돼지고기, 우엉, 무, 당근, 대파이며, 쌀은 야마가타현산 하에누키를 사용한다.

진화하고 있는 돈가스의 스탠더드

폰치켄 ポンチ軒 [도쿄 간다]

점장
하시모토 마사유키
橋本正幸

사진은 특 로스돈가스 정식. 밥, 돈지루, 오신코가 제공된다. 쌀은 고시히카리를 포함해 전문업자가 엄선한 것으로, 매일 첫 밥은 가마솥으로 짓고 두번째부터는 냄비로 짓는다. 보온은 1시간 정도로 한정해, 최대한 갓 지은 밥을 제공하는 것이 방침이다. 돈지루는 다시마육수에 고지미소(누룩된장)을 섞은 것으로, 돼지고기, 유부, 양파, 대파, 당근, 무가 들어간다.

4대째 이어온 가스레스(커틀릿)의 선구자

폰타혼케 ぽん多本家 [도쿄 오카치마치]

점주
시마다 요시히코
島田良彦

가스레쓰는 단품 판매이고, 밥과 아카다시(적된장국)와 오신코는 세트메뉴로 540엔이다. 쌀은 니가타 이토이가와산 고시히카리를 사용하며, 밥 지을 때 물 조절에 특히 신경을 쓴다고 한다. 쌀 한알 한알에 탄력과 윤기가 있는 갓 지은 밥이다. "국물과 오신코는 입가심을 해주는 역할도 있다"라고 하는 시마다 씨. 국물의 건더기로는 나메코(담자균류에 속하는 버섯, 갈색이며 독특한 점성이 있다) 등을 사용한 산뜻한 아카다시를 제공한다.

양식과 비스트로 요리라는 두 간판

레스토랑 시치조 レストラン七條 [도쿄 간다]

점주
시치조 기요타카
七條清孝

사진은 히레가스. 점심에는 빵 또는 밥과 수프가 제공된다. 먼저 수프를 내고, 그 후에 메인디시와 빵 또는 밥을 가져다주는 순서다. 쌀은 이와테현산의 히토메보레를 사용한다. 수프는 채소의 감칠맛이 응축된 콩소메를 베이스로 한다. 또한 메인디시에는 콜슬로 이외에도 토마토와 감자샐러드를 곁들이는 것이 기본.

양식당을 현대적으로 업데이트한

후릿쓰 フリッツ [도쿄 가스가]

점주
다나미 겐타
田苗見賢太

사진은 로스돈가스 세트. 치바현산 고시히카리로 지은 밥 이외에, 메인디시에는 감자샐러드가 곁들여 나오고, 화려한 색채의 샐러드와 수제 디저트가 제공되는 전형적인 양식당 스타일이다. 디저트는 매일매일 바뀌며, 사진은 푸딩. 샐러드와 디저트는 차가운 상태로 제공되어야 하므로, 유리그릇에 담아 냉장고에 미리 준비해놓는다.

오래 기다릴 가치가 있는 메뉴

레스토랑 사카키 レストラン サカキ [도쿄 교바시]

점주
사카키바라 다이스케
榊原大輔

사진은 치바현산 하야시SPF돈 포크가스로, 수프와 밥이 제공된다. "돈가스에는 밥이 잘 어울린다"라는 점주의 신조에 따라 양식당이지만 빵이 아닌 밥만 제공되고, 포크가 아닌 젓가락을 쓰는 것도 특이하다. 쌀은 치바가모가와산 나가사마이를 사용하며, 수프는 콩소메를 베이스로 채소를 듬뿍 넣어 만든다.

'고치소(ごちそう, 잘 차린 음식으로 정성껏 대접하는 것)'를 지향하거나 '업그레이드된 노선'으로 방향을 선회한 돈가스집에서는 국산(일본산) 돼지고기를 사용하는 것이 주류다. 다양한 원산지, 돼지고기의 브랜드가 존재하나, 어떤 돼지고기를 사용할지는 가게마다 추구하는 돈가스의 맛이나 가치에 따라 달라지며, 그 선택이 가게의 개성을 결정하는 중요한 요소가 된다. 감칠맛이 강한 고기 또는 그와 반대로 무난하고 튀지 않는 고기 등 돼지고기를 선택하는 방법에는 열 개의 가게가 있다면 열 가지의 색이 있다.

특정한 원산지나 브랜드 돼지고기를 고집하는 가게가 있는 반면, "사용하는 돼지고기를 정해두면, 그 돼지의 품질이 좋다고 생각되지 않을 때 대처하기가 어렵다"라는 사례도 많이 보인다. 자신의 가게에 부합하는 돼지고기는 어떤 것이라는 기준을 세우고, 정육업자의 라인업 중에서 그때그때 상태가 좋은 것을 들이는 방법이다.

요즘에는 저온에서 일정 기간 보관한, 소위 '숙성돈'도 선택지의 하나가 되었으나, 이것에 대해서도 가게에 따라 의견이 나뉜다. "숙성육이 지닌 깊은 맛을 돈가스에 불어넣고 싶다"라고 생각하는 곳도 있으며, "숙성육을 사용하면 기름에 독특한 향이 배어버려, 다른 소재를 튀길 때 그 기름을 사용할 수가 없다"는 의견도 있다.

한편, 돈가스 업계 전체를 살펴보면 합리적인 가격으로 대중에게 어필하는 가게도 많아서, 비용 측면에서 경쟁력 있는 수입 돼지고기에 대한 니즈도 높다. 멕시코산을 포함해 요즘 수입산 돼지고기는 사육에서부터 가공, 유통에 이르기까지 품질관리가 철저하게 이루어지는 제품도 있으니, 가격뿐만 아니라 안전과 품질 면에서도 확실하게 매력을 발산하는 듯하다.

가게마다 나름의 철학에 따라 돼지고기를 선정하고 있겠으나, 대다수의 가게에 공통되는 의견도 있다. 그것은 '물돼지水豚'는 안 된다는 것이다. 지방육이 연해서(연지軟脂라고 한다) 육질이 떨어지는 돼지고기를 '물돼지'라고 부르는데, 이 물돼지의 경우 등심 한 줄을 덩어리째 양손으로 뭉쳤다 놓아보면 양끝이 축 처져 확실히 육질이 탄력이 없음을 알 수 있다고 한다. 반대로, 지방육이 단단하고 탄력 있는 돼지고기는 '모치부타(떡처럼 쫀쫀한 육질의 돼지고기라는 뜻)'라고 부른다. "신뢰하는 업자가 있다 해도, 납품받는 고기의 품질을 그때그때 확실하게 체크하는 것이 매우 중요하다"라는 것이 돈가스집의 공통된 생각이다.

돼지고기와 소고기의 주요 부위 비교 (일본식)

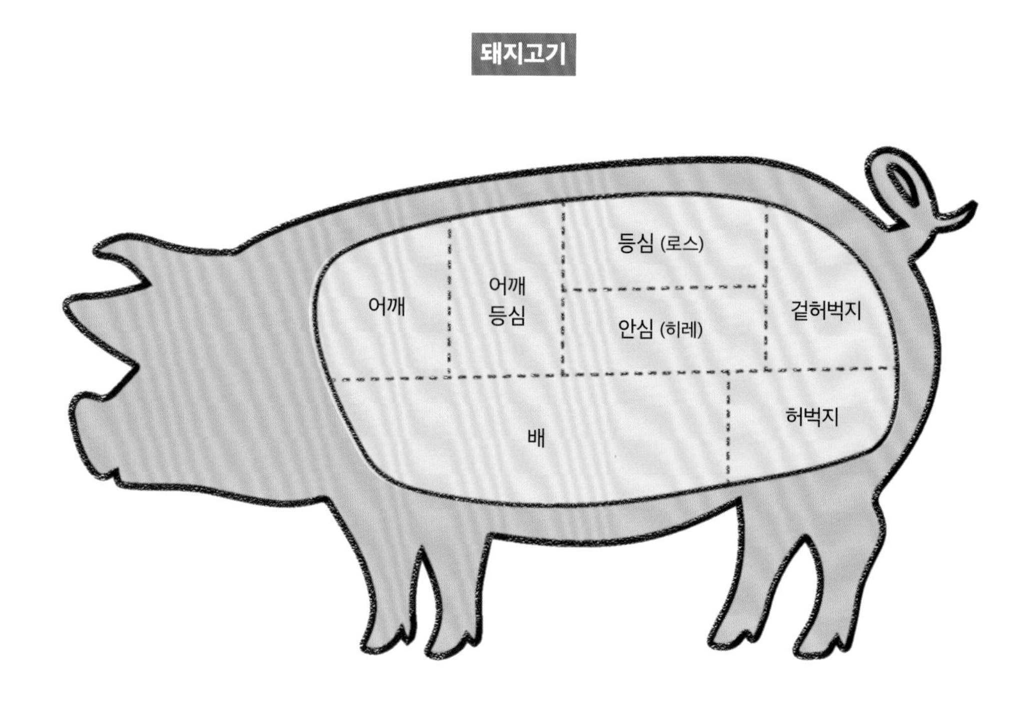

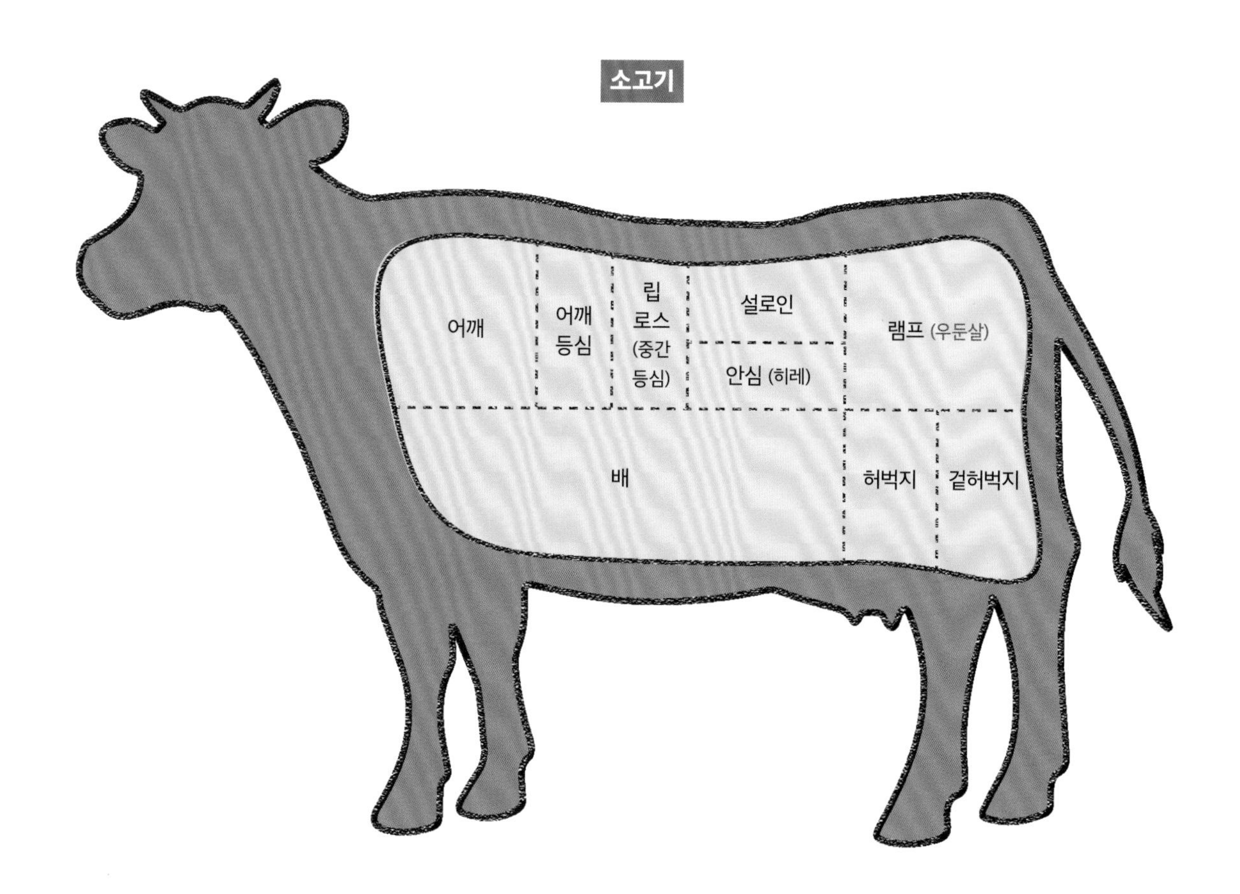

돈가스에 사용되는 주요 부위

허리쪽

사진은 손질 전의 등심. 표면에 피아노 건반처럼 세로로 울퉁불퉁한 부분은, 갈빗대의 흔적. 뼈가 있던 곳 사이에 붙어 있는 막대 형태의 고기를 '게타ゲタ'라고 부르는 곳도 있다. 돈가스 용도로 등심을 손질하는 경우, 게타는 제거하는 것이 일반적이며, 잘라낸 게타는 조림 등 별도의 요리에 활용하기도 한다.

등심의 중심에 대부분 살코기로 되어 있는 부분. 이것을 '로스심'이라고 부르는 곳도 있다. 손질 전의 상태(사진)에서는, 로스심이 작게 보이나, 돈가스용으로 손질해 평평한 판 형태로 자르면 로스심의 비율이 높아져 살코기가 메인이 된다.

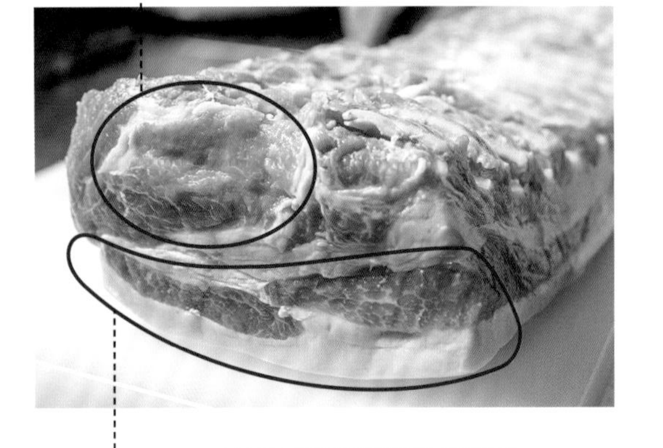

로스의 어깨쪽은 지방육과 살코기의 층이 로스심을 감싸고 있다. 이 부분을 '가부리かぶり(머리)'라고 부르는 곳도 있다. 가부리를 남길지 제거할지는 가게에 따라 다르며, 잘라낸 가부리는 가쿠니角煮(각지게 잘라 조린 돼지고기) 등에 사용하는 경우도 있다.

등심은 어깨 뒤에서부터 허리에 걸친 등쪽 부위를 말한다. 지방육과 살코기의 밸런스가 좋으며, 살코기는 결이 촘촘하고 부드러운 육질이 특징이다. 돈가스 이외에 포크소테(팬프라이한 돼지고기) 또는 차슈 등에 사용하는 경우가 많다.

'상上' 과 '병並'의 근거

등심을 한 줄 통째로 들이는 가게에서는, 잘라낸 부분에 따라 '상'과 '병(보통)'이라는 등급으로 메뉴화하는 경우를 볼 수 있다. 일반적으로 '상'으로 여겨지는 부위는 어깨쪽 고기, '병'으로 취급되는 부분은 허리춤 고기로, 어깨쪽 부위에 지방육이 복잡하게 들어 있다. 단, 등심의 어느 부분을 잘라내느냐로 차이를 두지 않고, 중량과 두께를 기준으로 '상'과 '병' 등으로 메뉴를 나누는 가게도 있다.

한편, 소고기 부위의 명칭을 따서 어깨쪽을 '립 로스', 허리쪽을 '설로인'이라 부르는 가게도 있으나, 돼지고기의 부분육 취급 규격에 따르면 '로스'는 한 줄 통째로 '로스'이며, '립 로스'나 '설로인'이라고 세분화되어 있지 않다.

단면 모습의 차이 (손질 후의 상태)

허리쪽

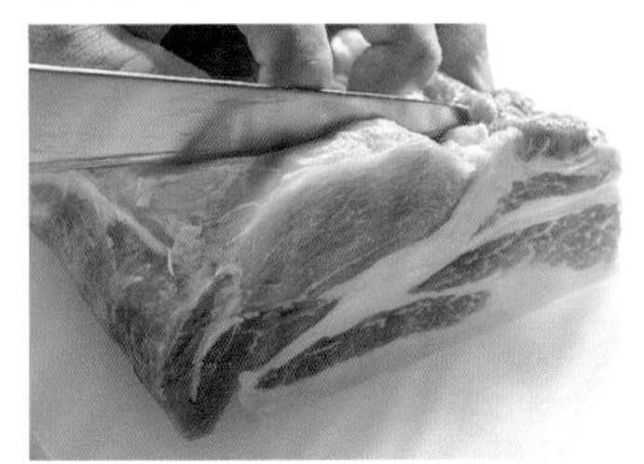

안심 (히레)

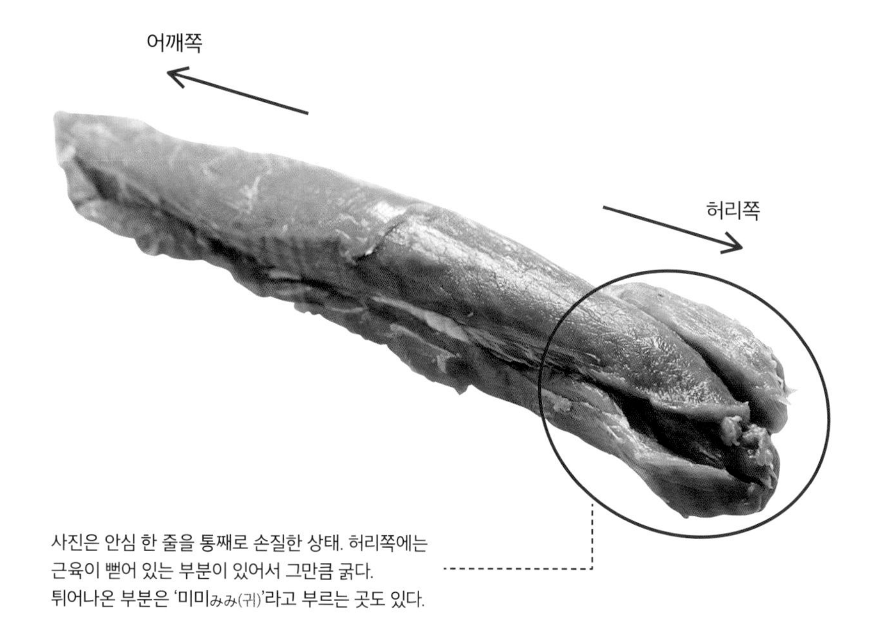

사진은 안심 한 줄을 통째로 손질한 상태. 허리쪽에는
근육이 뻗어 있는 부분이 있어서 그만큼 굵다.
튀어나온 부분은 '미미みみ(귀)'라고 부르는 곳도 있다.

안심은 등심과 뱃살 사이에 위치한 막대 형태의 부위로, 지방육이 거의 없는 연한 육질이 특징. 보통 돼지 한 마리에서 1kg 정도밖에 나오지 않는다. 업계에선 소고기 안심을 영어로 '텐더로인'이라고 부르고, 중앙의 두께가 있는 부분은 '샤토브리앙'이라고도 말한다. 돼지고기도 안심은 일반적으로 중심 부분이 양질의 고기로 여겨지며, 그 부분을 '상' 등급으로 판매하는 사례도 있다.

그 외의 부위

돈가스에서는 돼지고기 등심과 안심을 주로 사용하나, 지방육이 적고, 담백한 맛의 허벅짓살이나, 지방육이 많고 맛이 진한 어깨등심을 사용하는 곳도 있다. 또 최근에는 야키니쿠처럼 부위를 세분화해서 램프(란푸, 겉허벅지의 일부), 시킨보しきんぼ(허벅지의 일부), 돈토로トントロ(목 주위의 고기) 등 독특한 메뉴를 제공하는 가게도 등장했다.

왼쪽 사진은 허벅지의 일부, 오른쪽 사진은 겉허벅지의 일부로,
전자를 '시킨보', 후자를 '램프'라고 이름 붙여 상품화한 돈가스집도 있다(88쪽 참조).

돈가스 &
프라이의
기초지식

돈가스나 프라이에서 튀김옷의 역할은 소재의 수분과 감칠맛을 가두어주는 데 있다. 튀김옷이 있어서 밖으로 흘러나가지 못하고 내부에 유지되는 셈이다. 또한 기름의 열이 재료에 직접 전달되지 못하고 튀김옷을 통해 간접적으로 전해지기 때문에, 재료는 튀김옷 속에서 쪄지듯 천천히 가열된다. 그래서 그동안 튀김옷에 함유되어 있던 수분(또는 재료가 가진 수분의 일부)이 증발하고, 그 대신 기름이 흡수되어 바삭하게 튀겨진다. 이것이 프라이의 메커니즘이다.

프라이의 튀김옷은 기본적으로 밀가루와 달걀물, 빵가루, 이 세 가지로 구성된다.

가루의 역할

밀가루의 역할은 소재 표면의 수분을 흡수하여 얇은 막을 만들어 감칠맛이 밖으로 빠져나가지 못하게 하고, 달걀물과 버무려지면서 풀 같은 작용을 하여 재료와 빵가루를 접착해준다. 강력분 또는 박력분이 사용되는 이외에도, 접착력을 높이려는 목적에서 밀가루에 전분이나 증점제 등을 배합한 '배터batter가루(배터믹스)'나 '믹스코ミックス粉'라고 하는 것을 사용하는 경우도 있다.

달걀물의 역할

달걀물은 밀가루와 함께 사용하여 재료에 빵가루를 폭신하게 입히기 위한 풀 같은 역할을 한다. 전란을 풀어 그대로 사용하는 것 외에 우유나 물을 넣어 사용하는 것도 일반적이다. 우유나 물을 섞어 희석된 달걀물은 매끄러운 상태가 되어 소재를 얇게 코팅하는 것이 가능해서 빵가루도 비교적 얇게 붙게 된다. 반면 전란과 밀가루를 섞은 이른바 '배터액'을 사용할 수도 있는데, 이 경우에는 희석한 것과는 반대로 튀김옷이 두꺼워지고 빵가루도 듬뿍 붙게 된다.

빵가루의 역할

튀김옷의 가장 바깥쪽에 위치하게 되는 빵가루는 빵가루에 함유된 공기로 기름이 재료에 열을 전달하는 방식을 통제하고, 프라이 고유의 식감을 만드는 중요한 역할을 한다. 빵가루의 수분과 기름이 서로 자리를 바꾸어 완전하게 수분이 빠지면서 바삭한 식감이 탄생하는 것이다. 건조빵가루(건식빵가루)나, 생빵가루 등이 있으나, 현재 돈가스에서 주류라고 할 수 있는 것은 생빵가루다. 빵가루가 튀겨진 색이나 튀긴 뒤 형태가 살아 있게 하는 방법 등도 외적인 인상에 커다란 영향을 줄 수 있기 때문에, 가게마다 빵가루의 굵기나 형태, 튀김 색의 정도 등을 고려하여, 추구하는 돈가스에 맞는 빵가루를 선택하고 있다.

밀가루는 빈틈없이 골고루, 얇게 묻힌다

밀가루를 고르게 묻히지 못하면 달걀물과 빵가루를 묻힐 때도 고르지 못한 부분이 생겨서 튀기는 동안 튀김옷이 떨어지거나 재료와 튀김옷 사이에 틈이 생긴다. 또한 밀가루가 두껍게 묻은 부분이 있으면 달걀물을 입혔을 때 그 부분에서부터 달걀물의 막이 깨져버린다.

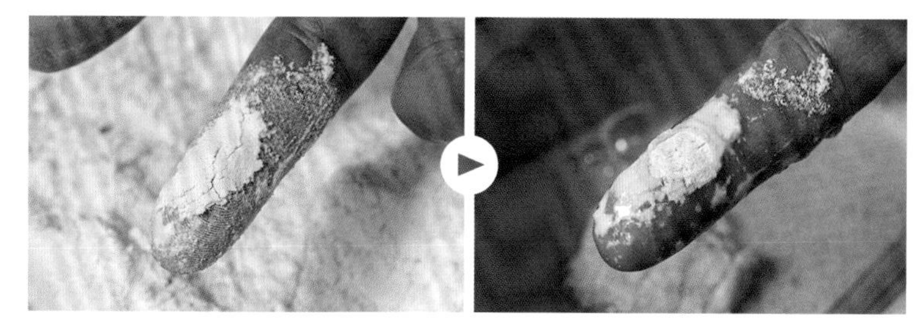

밀가루를 두껍게 묻히면 ⟶ 달걀물의 막이 깨져버린다.

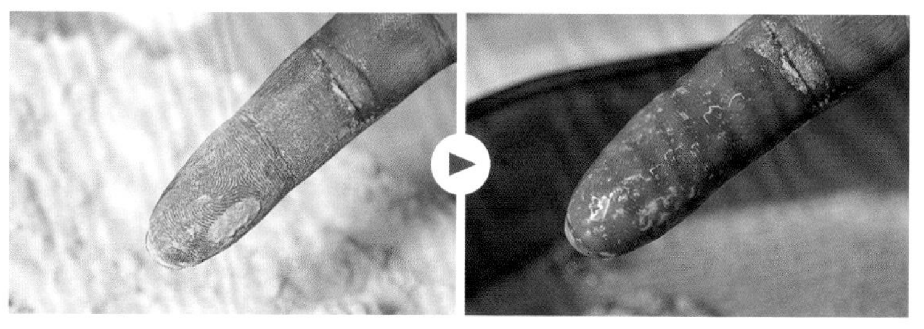

밀가루를 얇게 묻히면 ⟶ 달걀물의 막이 전체를 덮는다.

생빵가루의 천적은 건조

생빵가루가 지닌 수분이 기름으로 바뀌면서 바삭한 식감이 생겨난다. 그렇기에 생빵가루의 수분은 중요하며, 마르지 않게 하는 것이 매우 중요하다. 사용하지 않을 때나 사용하고 나서 비닐봉투에 넣어 봉인하거나 행주를 덮어놓는 방법이 일반적이다. 사용 직전에 분무기로 가볍게 물을 뿌려 보습하는 경우도 있다.

천을 덮어 건조를 방지한다.

물을 뿌려 보습한다.

이 책에 등장하는 가게의 튀김옷 재료

가게명	가루	달걀물	빵가루/굵기 및 특징
가스요시	강력분(난백가루 첨가)	전란 + 우유	생빵가루 / 굵음
스기타	박력분	전란	생빵가루 / 굵음
나리쿠라	중력분	전란	생빵가루 / 굵음, 저당분
폰치켄	배터가루	전란 + 우유	생빵가루 / 굵음, 저당분, 저염분
폰타혼케	박력분	전란	생빵가루 / 굵음, 저당분
레스토랑 시치조	강력분	전란 + 물	생빵가루 / 고움, 저당분
후릿쓰	배터가루	배터액(전란 + 배터가루 + 물)	생빵가루 / 굵음, 고당분
레스토랑 사카키	박력분	전란 + 물 + 식용유	생빵가루 / 중간, 고당분

돈가스 &
프라이의
기초지식

튀김 기름

프라이에서 튀김기름은 소재에 열을 전달하는 역할을 수행함과 동시에, 프라이에 풍미와 감칠맛 등을 더하는 이른바 조미료로서도 중요한 재료이다.

프라이에 사용되는 기름은 돼지의 지방육을 원료로 하는 라드 등의 동물성기름과, 옥수수와 참깨 등의 식물성기름, 두 종류로 크게 나뉜다. 동물성기름은 '구수한 향과 감칠맛을 더하고 싶다', 식물성기름은 '튀김을 가볍게 완성하고 싶다'라는 목표에서 선택되는 경향이 있다. 그 밖에도 장인들마다 선택하는 이유가 있는데, 각 가게의 페이지를 참조하길 바란다.

이 책에서 기술을 공개한 여덟 곳 중 돈가스에 동물성기름을 사용하는 곳은 다섯 곳. 모두 양질의 라드를 사용하나, 그중에서도 개성적인 것이 폰타혼케의 방법. 한 줄 통째로 들여온 등심을 손질하여 잘라낸 지방육을 끓여 자체 라드를 만들고 있다.

한편, 돈가스에 식물성기름을 사용하는 곳은 세 곳으로, 모두 옥수수기름과 참깨기름(볶지 않아서 한국의 참기름만큼 향이 강하지 않다)을 섞은 블렌드 기름을 사용한다. 옥수수기름으로 가벼움을 주는 동시에, 참깨기름으로 향을 더하는 방식이다. 한때에는 식용유나 정제한 유채 등의 기름으로 튀기는 경우도 있었으나, 요즘은 옥수수기름과 참깨기름 등이 일반적인 추세라고 할 수 있다.

이 책에 등장하는 가게의 튀김기름

가게명	튀김기름
가스요시	옥수수기름과 참깨기름의 블렌드
스기타	라드(네덜란드산)
나리쿠라	라드
폰치켄	옥수수기름과 참깨기름의 블렌드 (일부 메뉴는 라드를 사용)
폰타혼케	주로 라드(직접 제조)
레스토랑 시치조	라드
후릿쓰	옥수수기름과 참깨기름의 블렌드
레스토랑 사카키	라드

재료에 따라 다른 튀김기름을 사용하는 가게도 있다

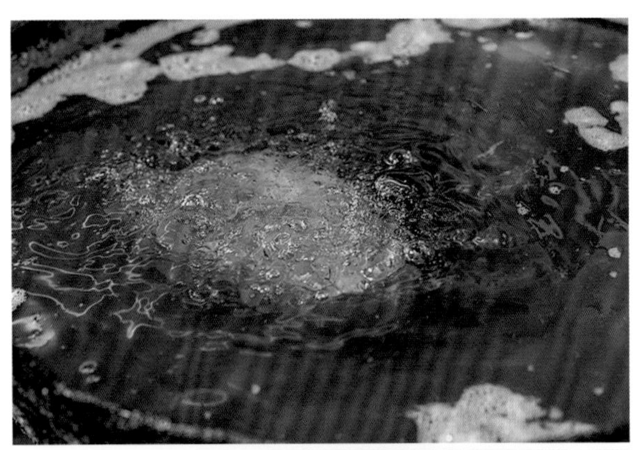

폰치켄에서는 돈가스에는 옥수수기름과 참깨기름의 블렌드(위),
비프가스에는 라드(아래)를 사용한다.

튀길 때의 도구는?

냄비와 프라이어가 일반적이다. 냄비는 메뉴에 따라 기름의 온도를 달리하거나 조리 중에 온도를 조절하기 쉽고, 프라이어에 비해 한 번에 사용하는 기름 양을 줄일 수 있는 것이 장점. 그러나 온도 조절은 기본적으로 수동으로 해야 하기에 숙련된 기술과 직감이 요구된다. 반면, 프라이어는 설정해놓은 온도로 자동으로 조절되는 등 온도 관리를 하기 쉽고, 열효율이 좋다는 이점이 있다. 냄비나 프라이어, 어느 쪽을 선택할지는 가게의 메뉴 구성과 주방의 인원수, 점심시간처럼 손님이 몰리는 피크타임의 영업을 고려해 판단할 필요가 있다.

기름의 산화에 주의

기름은 공기에 노출되면 산화가 진행되어 맛과 색이 나빠진다. 극단적으로 높은 온도로 가열을 계속하거나, 기름 속에 불순물이 계속 섞여 있는 상태라면, 산화의 진행은 점점 더 빨라지므로 주의가 필요하다. 재료를 투입했을 때 기름 위로 빵가루가 퍼지는데, 그 튀김 부스러기를 꼼꼼하게 걷어내는 것도 기름의 변질을 늦추는 데 중요한 작업이다.
또한, 어패류 등 수분이 많은 재료는 기름에 냄새를 남기거나, 기름을 빨리 변질시킨다고 알려져 있다. 그래서 육류와 어패류는 냄비를 나누어 사용하기도 하고, 돈가스집에서는 어패류가 들어가는 메뉴를 제공하지 않거나 메뉴를 줄이는 경우도 많이 볼 수 있다.

냄비에 튀긴다

프라이어로 튀긴다

튀김 부스러기는 꼼꼼하게 건져낸다

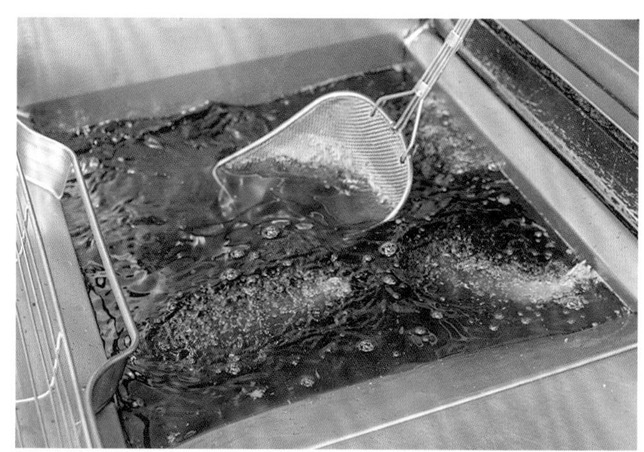

튀김 작업대의 레이아웃

튀김 작업대는 주방의 규모, 설비와 도구, 동선 등을 고려하여 설계된다. 가게에 따라 그 스타일은 각양각색.

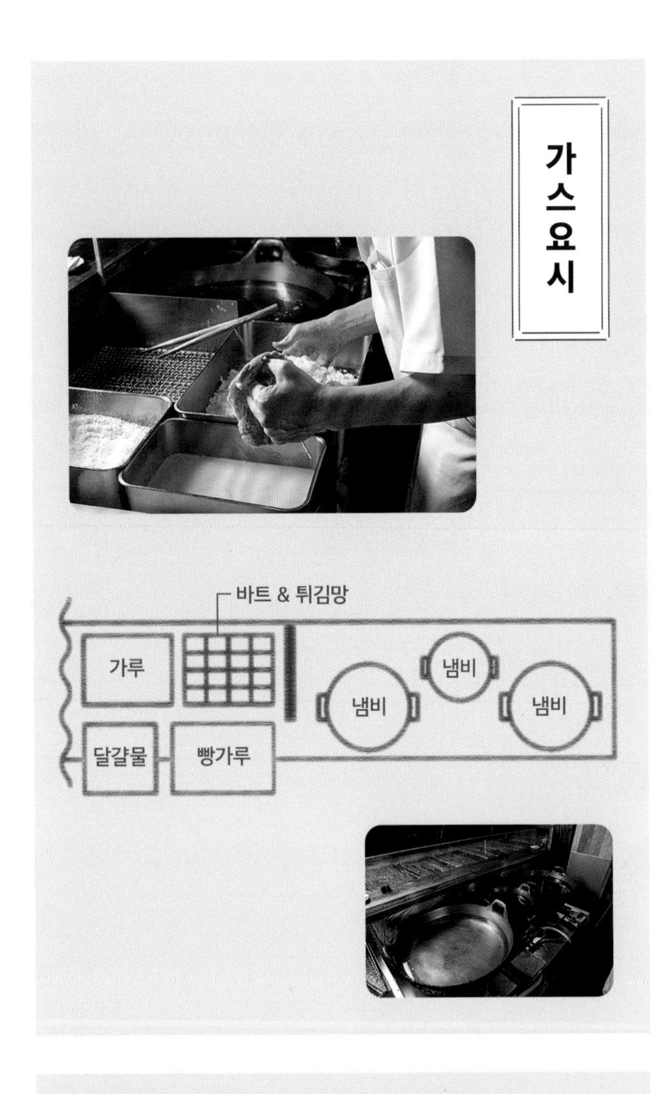

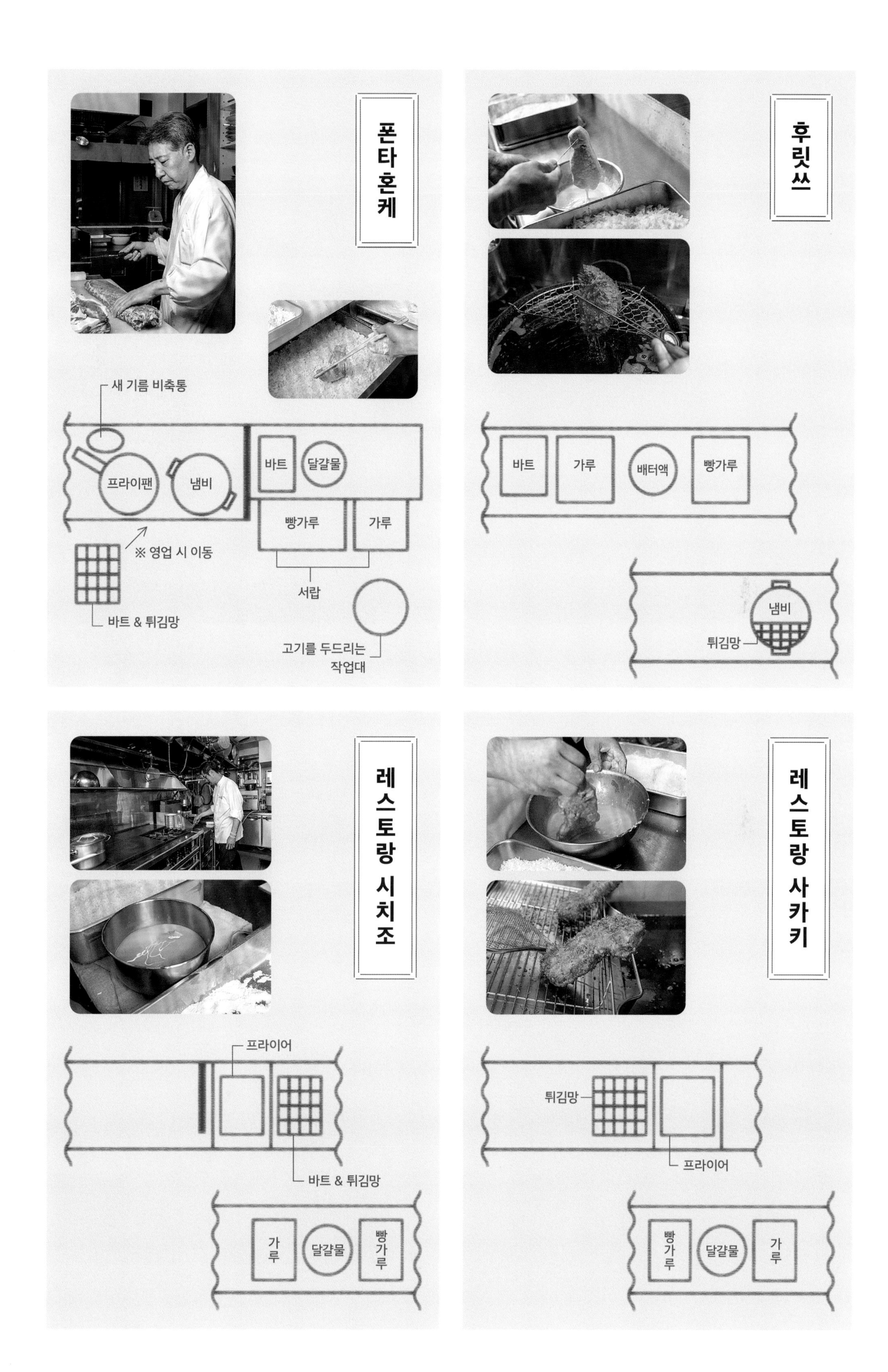
폰타혼케
새 기름 비축통
프라이팬
냄비
바트
달걀물
빵가루
가루
※ 영업 시 이동
서랍
바트 & 튀김망
고기를 두드리는 작업대
후릿쓰
바트
가루
배터액
빵가루
냄비
튀김망
레스토랑 시치조
프라이어
바트 & 튀김망
가루
달걀물
빵가루
레스토랑 사카키
튀김망
프라이어
빵가루
달걀물
가루

돼지고기의 밑손질

스기타 [도쿄 구라마에]

등심

로스심에 바짝 붙여 트리밍하되 지방육은 적당히 남긴다.

1 돼지고기 등심을 한 줄 통째로 준비한다. 사진은 손질 전 상태.

2 허리춤 부분에 퍼져 있는 얇은 막을 칼끝으로 띄운다.

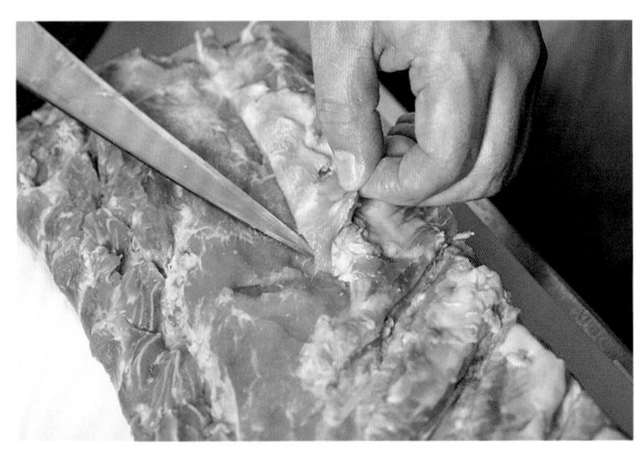

3 이 얇은 막을 당겨가면서 칼끝으로 갈라 펼쳐, 갈빗대쪽으로 넘긴다.

4 넘긴 얇은 막 밑으로 칼을 넣어, 갈빗대쪽의 표면을 저며나간다.

5 그대로 칼을 어깨쪽으로 진행시켜 게타도 잘라낸다.

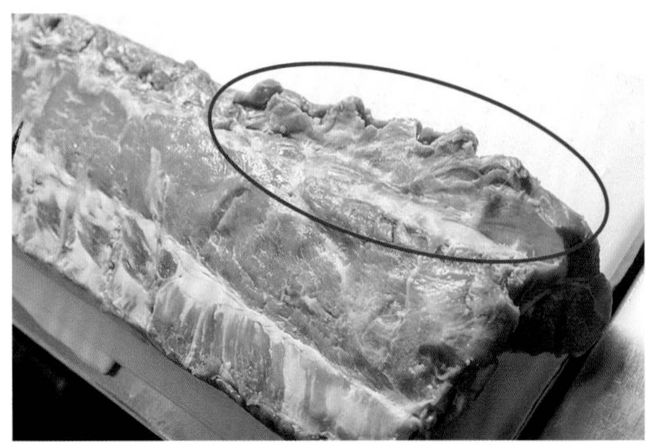

6 갈빗대쪽의 반대편 허리쪽 끝(검은 테두리)을 갈라 펼쳐 그 안에도 박혀 있는 질긴 막을 드러낸다. 사진은 갈라 펼친 상태.

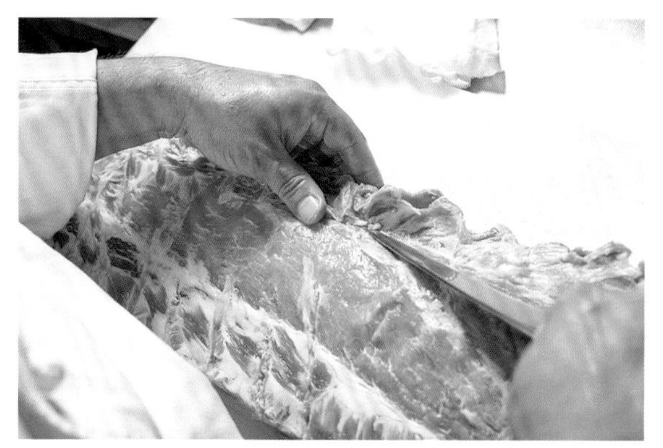

7 드러난 막을 따라 칼을 넣어, 어깨쪽 끝까지 갈라 펼친다.

8 펼쳐진 부분을 자른다. 잘라낼 때 단면에 남아 있는 막은 나중의 ⑯에서 제거한다.

9 ⑥에서 드러낸 질긴 막을 칼끝으로 띄운다.

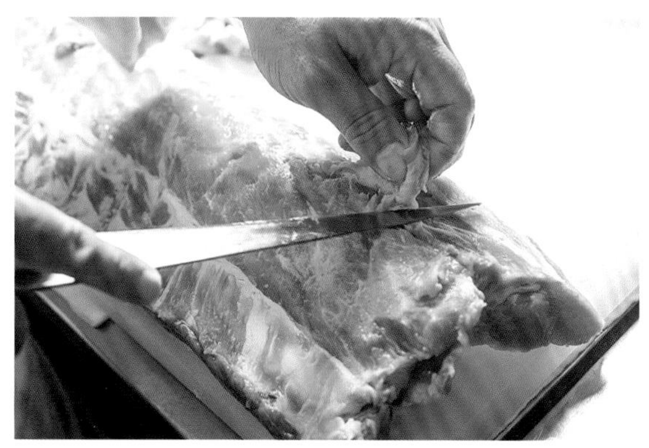

10 이 막을 잡아당긴 채로 그 밑으로 칼을 넣는다.

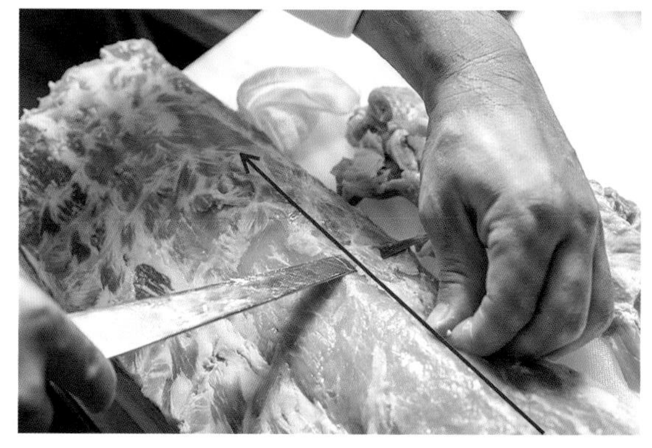

11 막이 펼쳐진 방향으로 칼을 진행해, 막이 끝나는 곳에서 잘라낸다.

12 로스심 표면에 남아 있는 막을 잘라낸다.

13 로스심과 갈빗대 경계에 있는 막을, 끝에서 끝까지 칼끝으로 띄운 후 잘라낸다. 이 작업으로 인해 일직선으로 홈이 만들어진다.

14 갈빗대쪽의 끝을 잘라내어 형태를 정리한다.

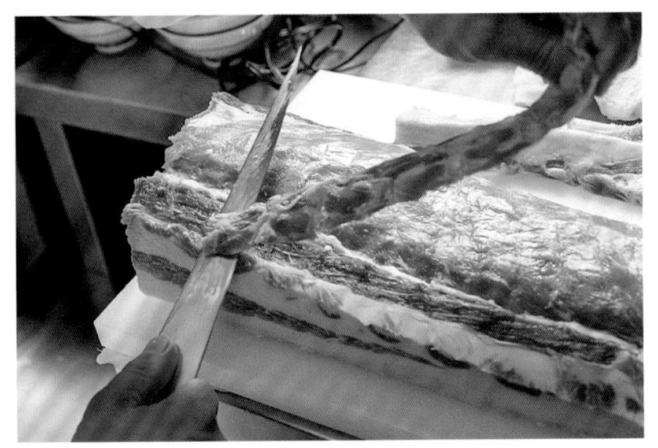

15 갈빗대쪽의 표면(⑤에서 게타를 잘라낸 부분)을, 게타의 흔적이 보이지 않을 정도로 저며낸다.

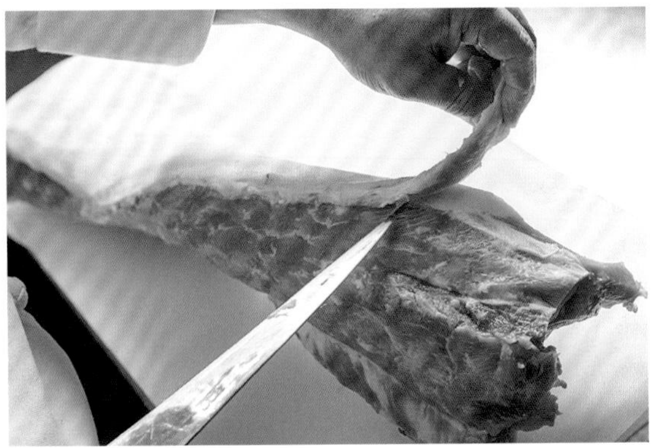

16 갈빗대쪽의 반대편 끝을 확인하고, ⑧의 작업에서 남았던 막을 저며내어 형태를 정리한다.

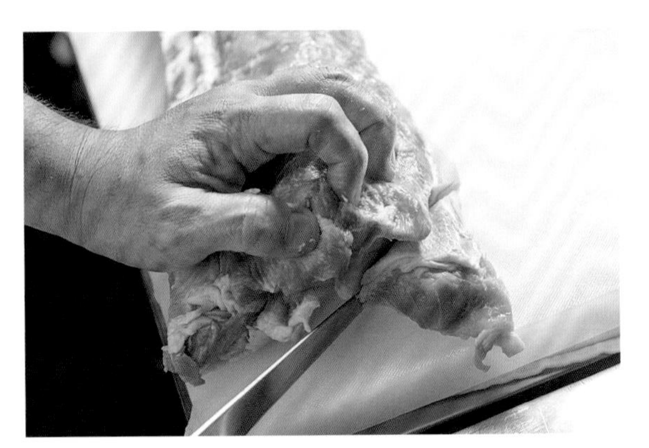

17 허리에 연결된 막이 있는 부분을 살코기째로 잘라낸다.

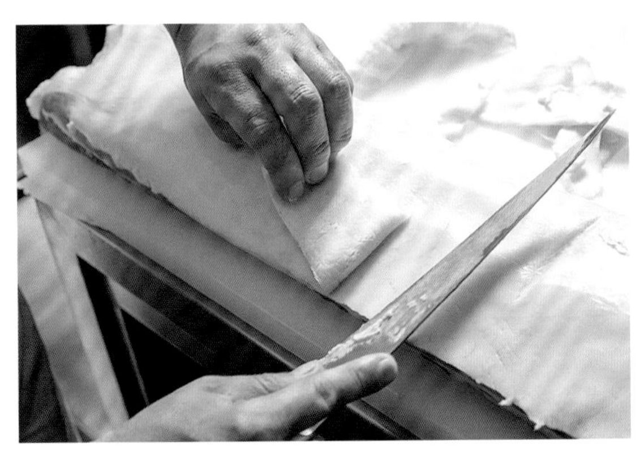

18 뒤집어서 등쪽의 지방육이 위로 향하게 하고, 지방육을 적당한 두께로 남기며 저며낸다.

19 손질을 끝낸 상태. 안쪽이 갈빗대쪽.

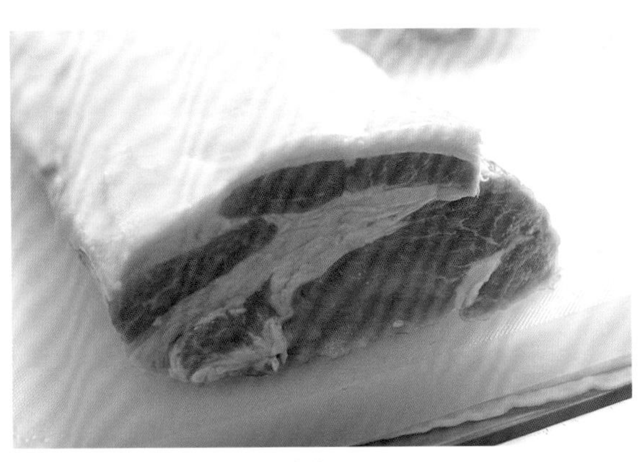

20 손질을 끝낸 어깨쪽의 단면.

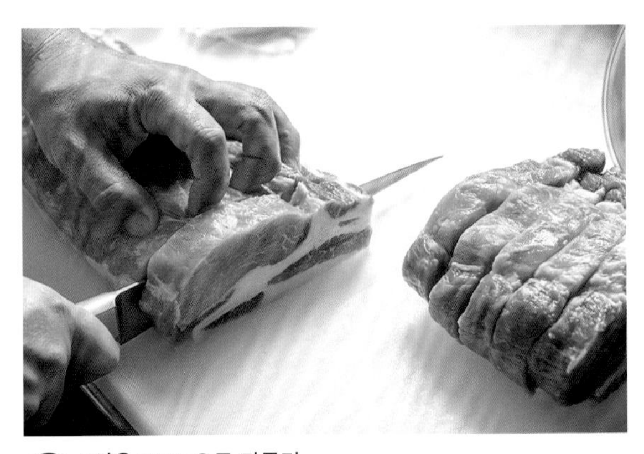

21 1장을 160g으로 자른다.

22 키친타월을 깔아놓은 바트에 지방육을 밑으로 가게 놓고 냉장고에서 보관한다.

안심

막은 철저하게 제거.
부드럽고 윤기 있는 모습.

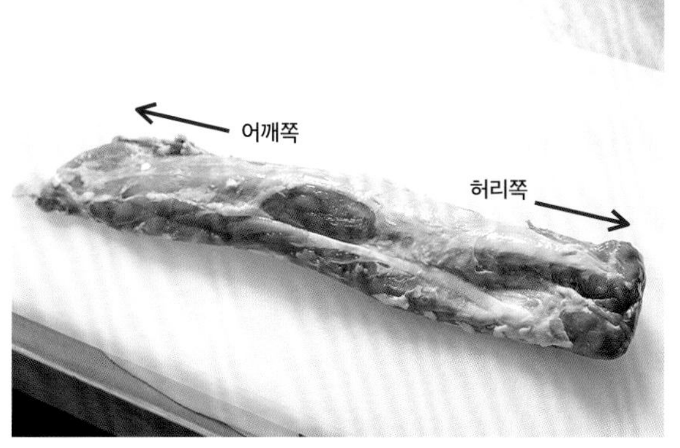

① 돼지고기 안심을 한 줄 통째로 준비한다. 사진은 손질 전. 얇은 막이 붙어 있는 쪽(바깥쪽)을 위로 향하게 한 상태.

② ①의 좌우를 뒤집어놓고, 끝쪽에 붙어 있는 두꺼운 막을 따라 칼을 넣는다.

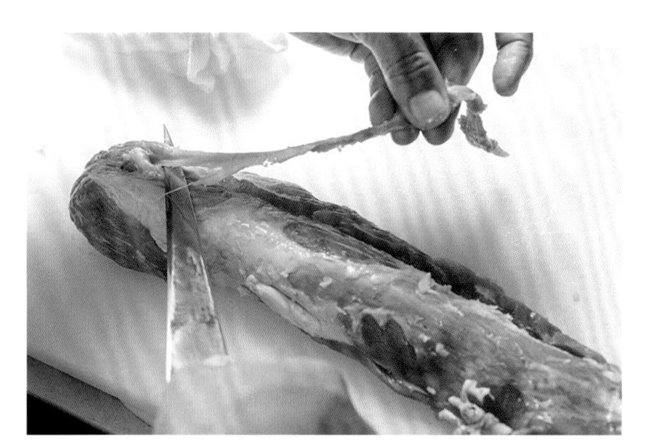

③ 이 막을 잡아당겨가면서 칼을 넣어 허리춤 끝에서 잘라낸다.

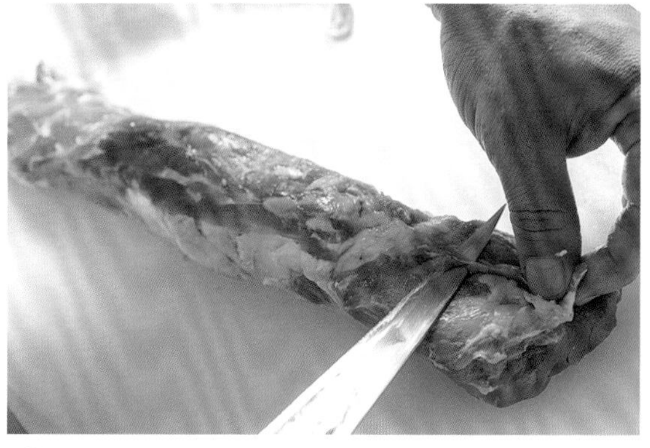

④ 좌우와 위아래를 뒤집어 안쪽을 위로 향하게 한다. 허리쪽부터 뻗어 있는 막을 칼끝으로 띄워가며 잘라낸다.

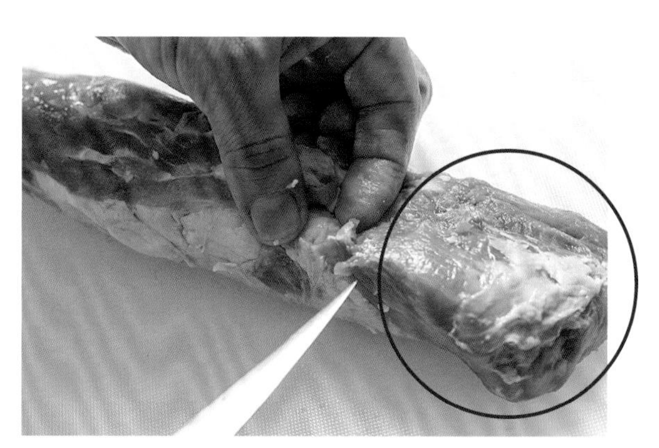

⑤ 허리쪽에 튀어나와 있는 부분(미미, 검은 테두리)의 뿌리를 확인하여 막을 잘라낸다. 잔뼈가 있으면 그것도 제거한다.

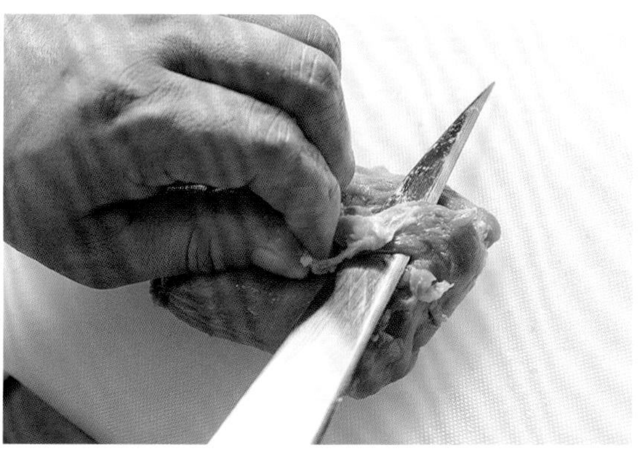

⑥ 미미의 표면에 있는 막을 잘라낸다.

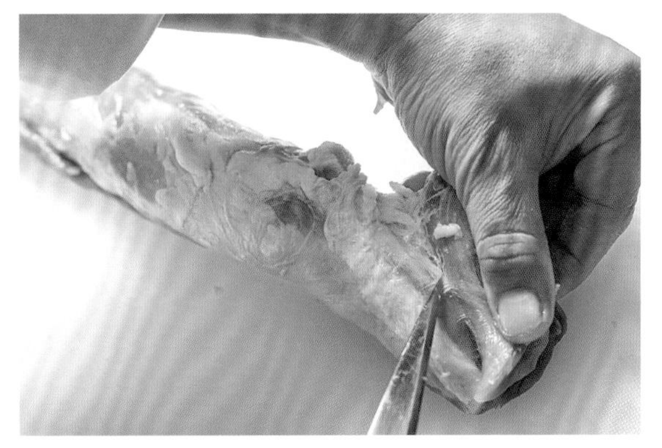

7 미미를 들어올리면서, 그 밑의 얇은 막을 따라 칼을 넣어 끝까지 막을 드러낸다.

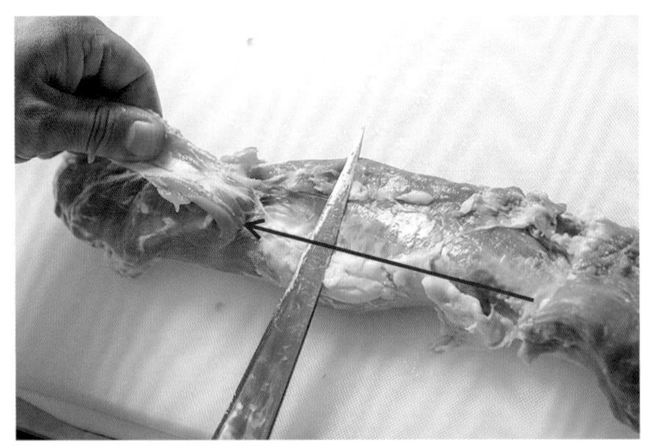

8 드러난 막을 끝쪽부터 잡고, 적당히 칼을 넣어가며 막을 잡아당겨 떼어낸다.

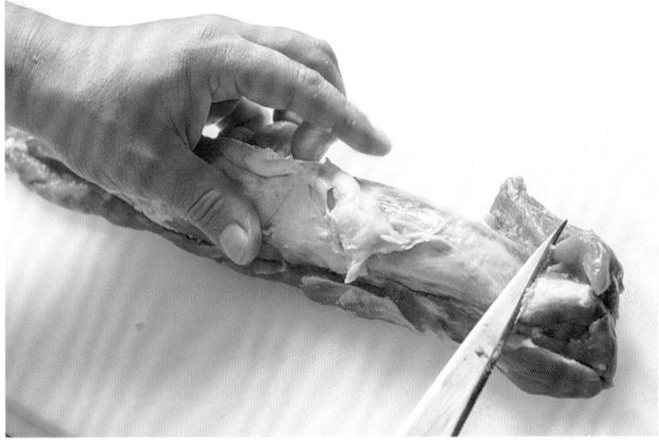

9 뒤집어서 바깥쪽을 위로 향하게 한다.

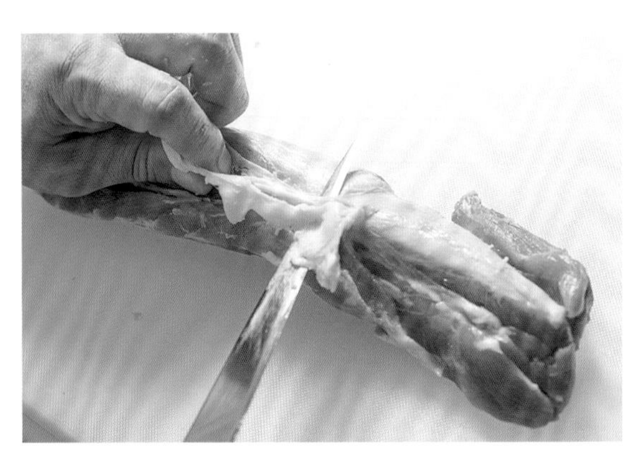

10 적절하게 칼을 넣어가면서 표면의 막을 떼어낸다.

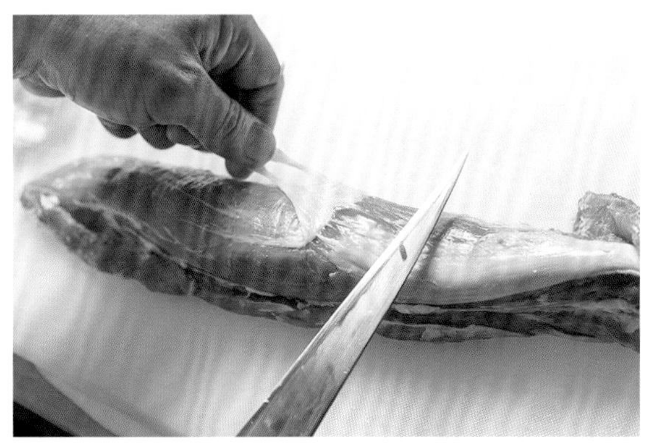

11 ⑩의 작업으로 허리쪽에서부터 펼쳐져 있는 두꺼운 막이 드러난다.

12 ⑪의 막 밑으로 칼을 넣고, 고기가 붙지 않게 미끄러뜨리듯 하여 막의 끝쪽으로 나아간다.

13 잘라 낸 막의 끝을 잡아당기면서, 반대 방향으로 칼을 미끄러뜨리듯 하여 막을 잘라낸다. ⑫~⑬을 반복하여, 드러난 굵은 막을 완전히 제거한다.

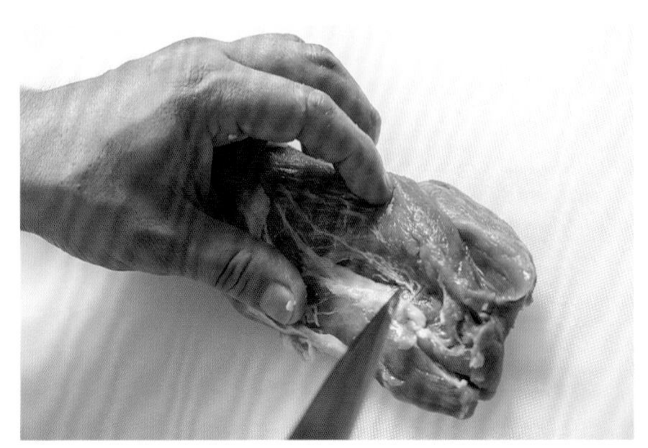

14 고기의 벌어진 부분을 손가락으로 좀 더 벌려, 안쪽에도 붙어 있는 막을 칼끝으로 띄운다. 이것을 잡아당겨 잘라낸다.

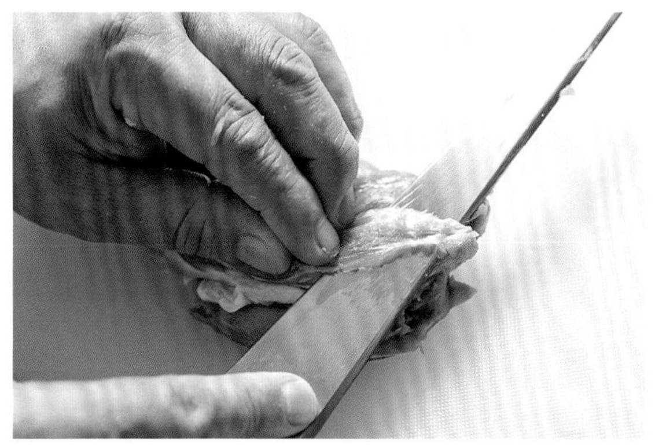

15 미미의 앞쪽 끝을 확인하고, 표면에 붙어 있는 막 부분을 저며낸다.

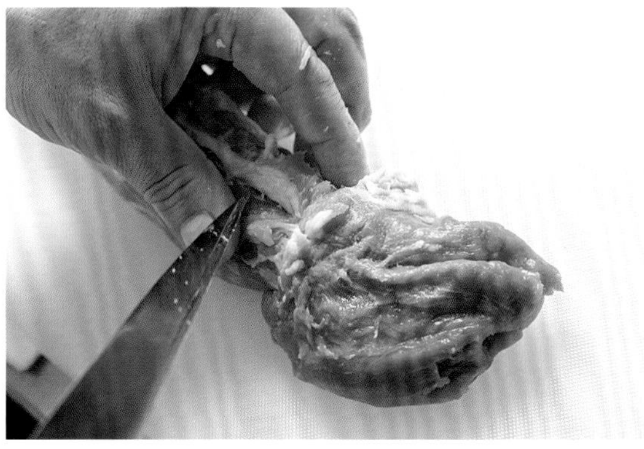

16 뒤집어서 안쪽을 위로 향하게 하여, 미미가 붙어 있는 쪽에 있는 막을 칼끝으로 띄운다.

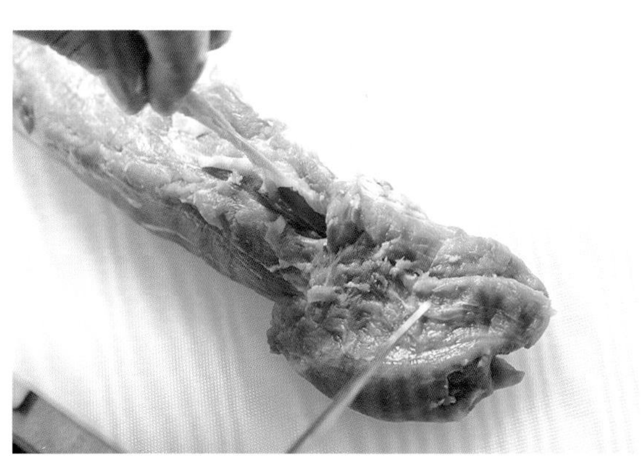

17 이 막을 잡고 당겨서 떼어낸다.

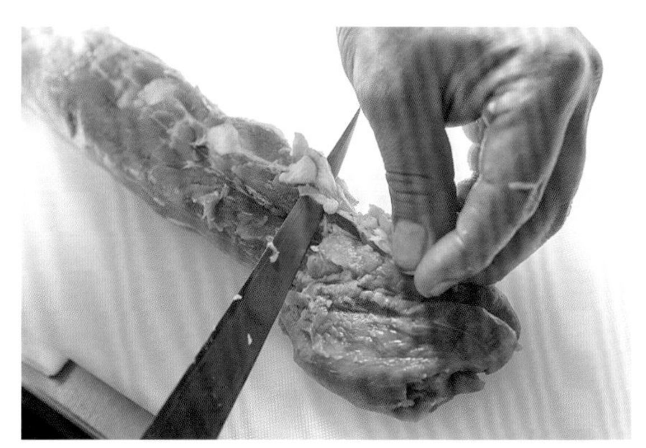

18 안쪽을 위로 향하게 한 상태로, 표면에 남아 있는 막을 저며낸다.

19 어깨쪽 표면의 막도 저며낸다.

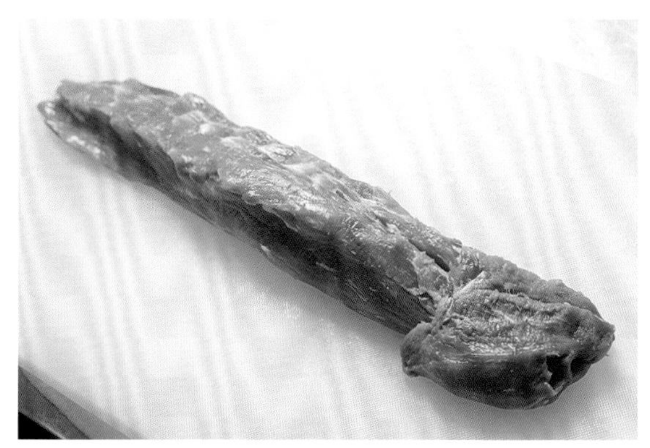

20 손질을 끝낸 안쪽의 상태. 오른쪽이 허리쪽(미미쪽).

21 손질을 끝낸 바깥쪽의 상태. 오른쪽이 허리쪽(미미쪽).

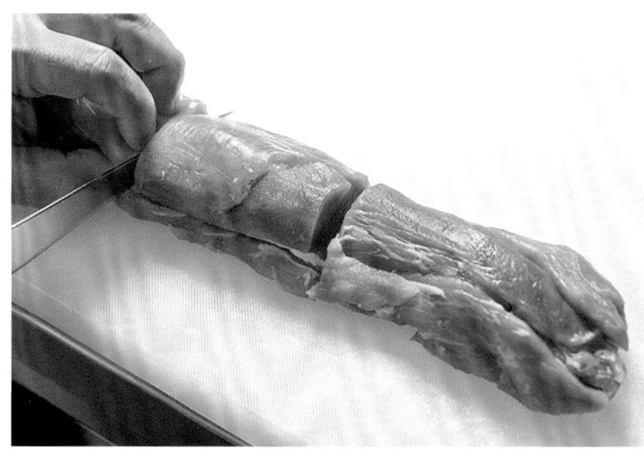

22 한 조각 160g으로 자른다. 등심과 마찬가지로, 키친타월을 깔아놓은 바트에 옮겨, 냉장고에서 보관한다.

돼지고기의 밑손질

폰타혼케 [도쿄 오카치마치]

등심

대담하게 트리밍하여 로스심만으로 가공.

1 돼지고기 등심을 한 줄 통째로 준비한다. 사진은 손질 전의 상태.

2 게타 표면의 얇은 막을 하나하나 잘라낸다.

3 허리쪽 부분의 막을 잘라낸다.

4 등쪽의 지방육을 위로 향하게 놓고, 지방육을 저며 얇은 막을 드러낸다.

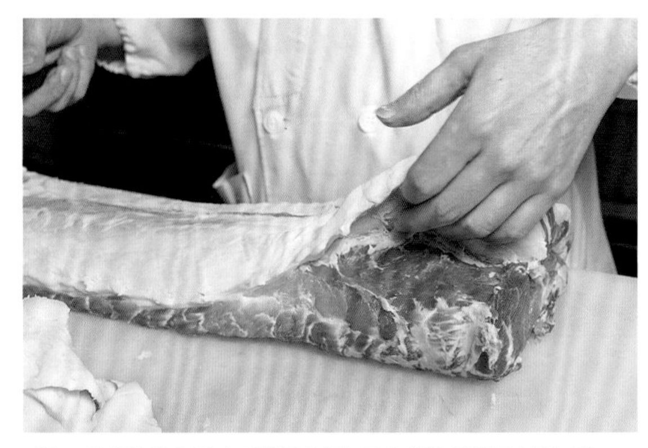

5 어깨쪽 끝으로 손가락을 넣어, 로스심을 감싸듯 붙어 있는 덧살을 떼어 들어올린다.

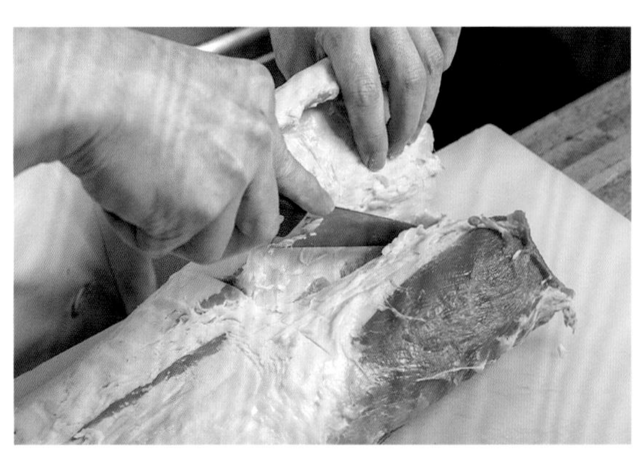

6 덧살을 들어올린 채, 로스심과 그 외 부분의 경계에 칼을 넣어 잘라 떼어낸다.

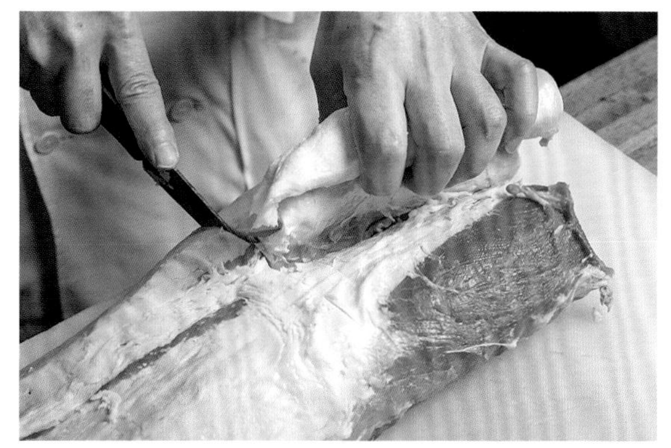

⑦ ⑥의 절단면에 직각으로 칼을 넣어, 로스심 주위의 고기를 덧살째 잘라낸다.

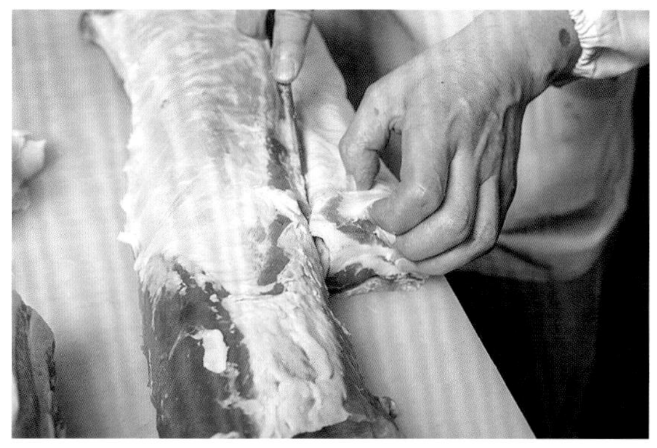

⑧ 로스심과 그 이외의 부분과의 경계에 따라 칼을 넣는다.

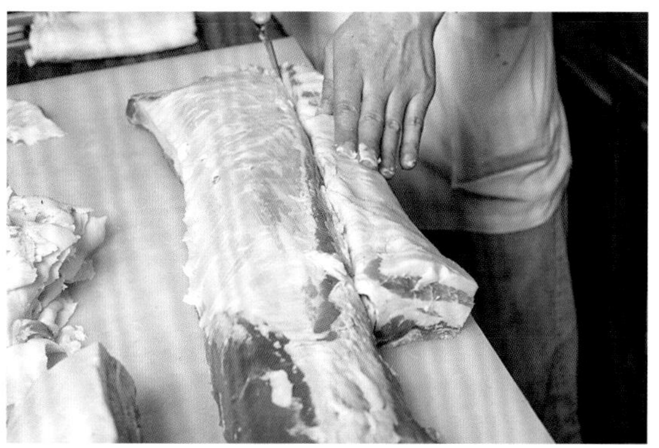

⑨ 그대로 칼을 진행, 로스심과 그 이외의 부분으로 잘라 나눈다. 로스심 부분을 가스레쓰로, 그 이외의 부분은 가쿠니 등에 사용한다.

⑩ 표면을 확인하여, 로스심 위에 남아 있는 덧살을 긁어내듯 하여 제거한다. 덧살이 다 떨어져나가면 전체를 덮고 있는 얇은 막만 남는다.

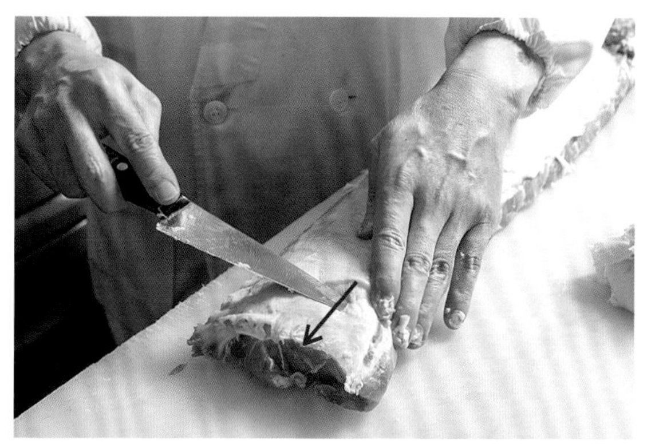

⑪ 표면의 얇은 막을 칼로 띄우고, 끝까지 칼을 밀어넣는다.

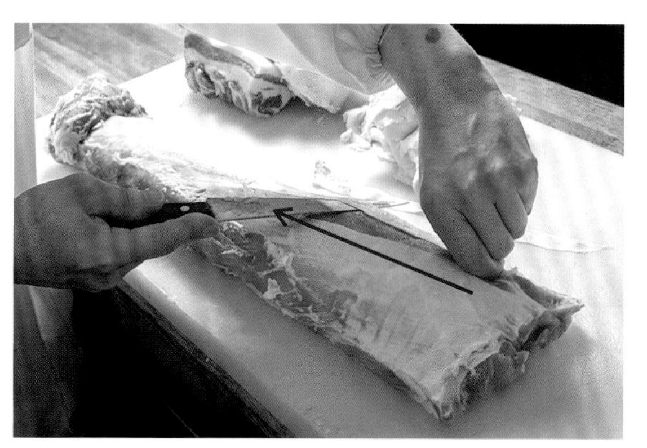

⑫ 얇은 막의 끝을 잡아당기면서, 반대방향으로 칼을 미끄러뜨리듯 하여 얇은 막을 떼어낸다.

⑬ ⑪~⑫를 반복하여, 표면의 얇은 막을 전부 제거한다.

⑭ 1장 200g으로 자른다.

돼지고기의 밑손질

나리쿠라 [도쿄 다카다노바바]

등심

등심 한 줄을 부분별로 나누어
세 종류의 메뉴로 활용.

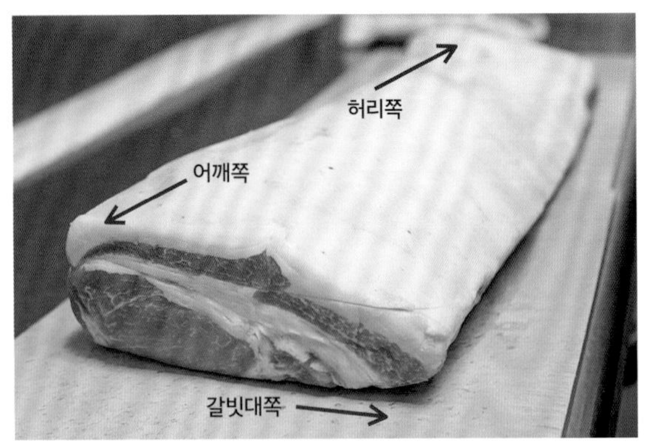

1 돼지고기 등심을 한 줄 통째로 준비한다. 사진은 손질 전의 상태.

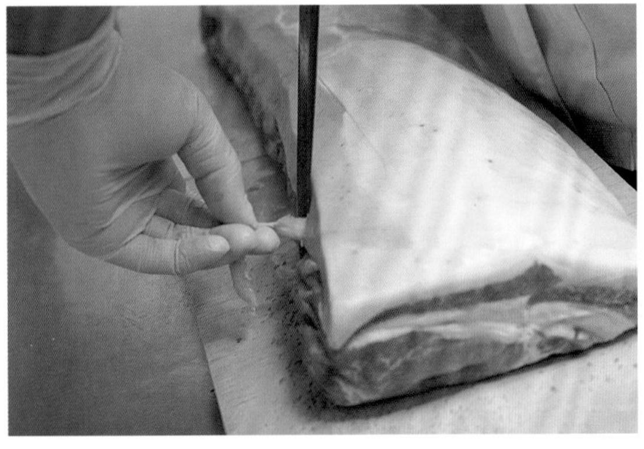

2 갈빗대쪽의 반대편 측면에 칼을 대고, 불필요한 지방육을 저며내어 형태를 잡는다.

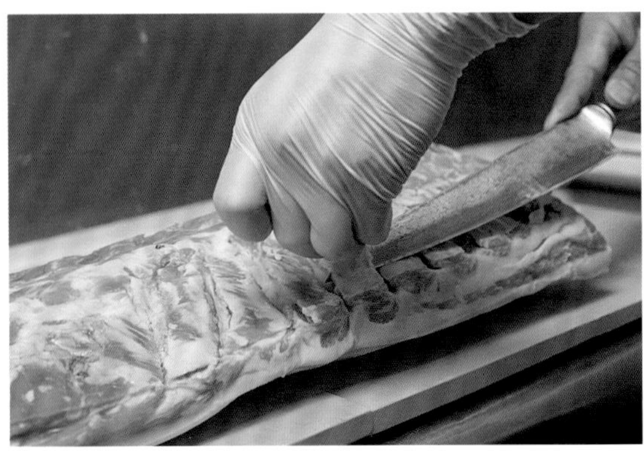

3 뒤집어서, 게타의 표면의 얇은 막을 하나하나 잘라낸다.

4 허리쪽 부분에 펼쳐져 있는 큰 막을 칼로 띄워서 저며낸다.

5 어깨쪽은 한 장 190g('상上 등심'으로 판매),
가운데 부분은 한 장 200g('특特 등심'으로 판매),
허리쪽은 한 장 140g('등심'으로 판매)으로 잘라 나눈다.

6 잘라낸 고기(힘줄을 끊어놓은 상태/66, 68쪽 참조). 왼쪽은 '등심', 가운데는 '상 등심'으로 사용한다. 오른쪽은 '특 등심'으로 사용하는 부분을 특별히 250g으로 잘라놓은 것.

안심

안심 한 줄의 가운데 부분은 두툼하게 잘라내어 고급 메뉴로.

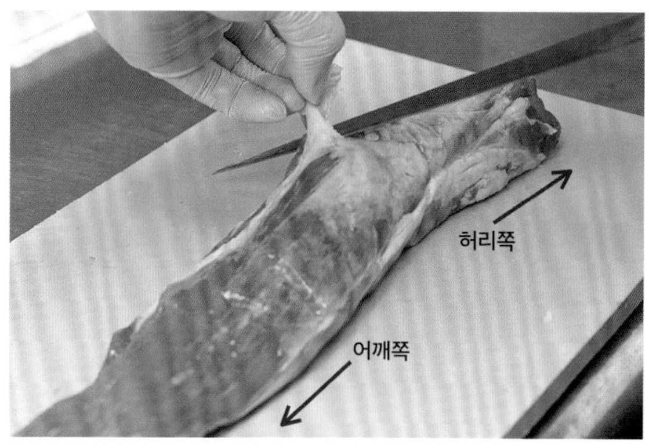

① 돼지고기 안심을 한 줄 통째로 준비한다. 얇은 막이 붙어 있는 쪽(바깥쪽)을 위로 향하게 하여, 막을 잘라낸다.

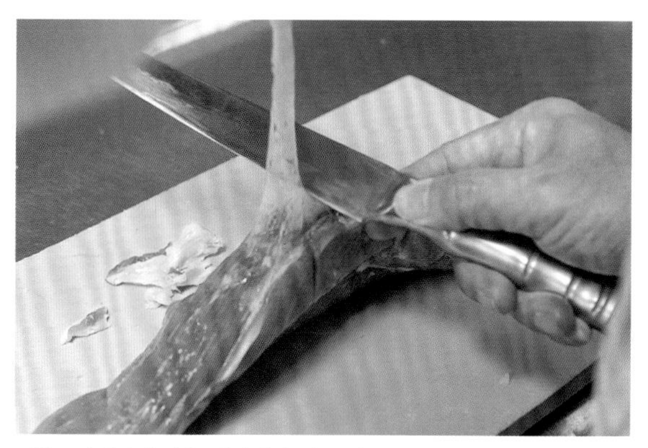

② 적절하게 칼을 넣어가며 얇은 막을 떼어내면, 허리쪽의 부분에 두꺼운 막이 드러난다.

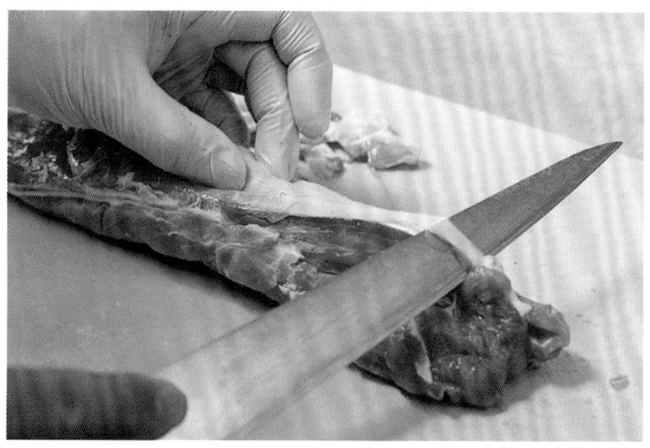

③ 두꺼운 막 밑으로 칼을 넣고 미끄러뜨리듯 하여 막을 잘라낸다.

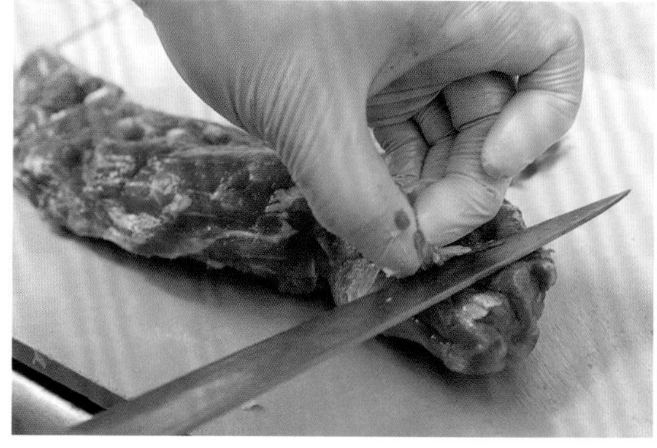

④ 뒤집어서 안쪽을 위로 향하게 하여, 허리쪽 끝에 붙어 있는 힘줄을 잘라낸다. 안쪽은 특별히 눈에 띄는 막이 없다면 이것으로 손질을 끝낸다.

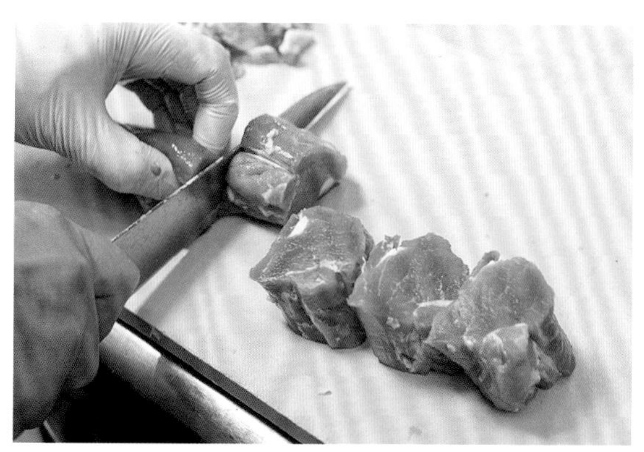

⑤ 가운데 부분은 한 조각 65g('샤돈브리앙가스'로 판매), 그 외의 부분은 한 조각 35g('히레가스'로 판매)으로 자른다.

⑥ 잘라낸 고기. 왼쪽은 '히레가스', 오른쪽은 '샤돈브리앙가스'로 사용한다.

돼지고기의 밑손질

폰치켄 [도쿄 간다]

등심

갈빗대 쪽과 막이 펼쳐진 부분은 대담하게 컷.
등쪽의 지방육은 그대로 남긴다.

1 돼지고기 등심을 한 줄 통째로 준비한다. 갈빗대 흔적이 끝나는 부분에 칼을 찔러넣는다.

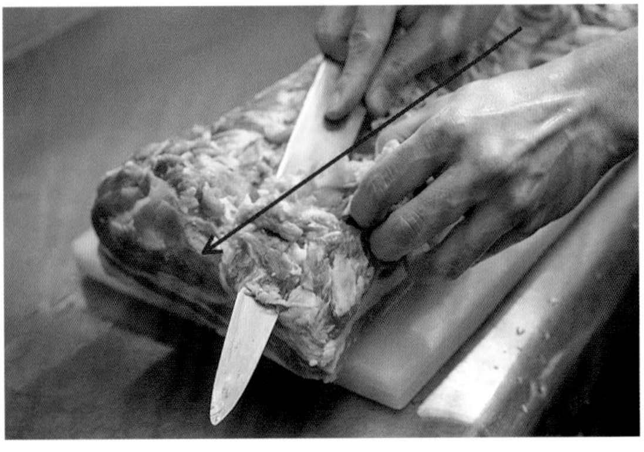

2 그대로 어깨쪽 끝까지 칼을 밀어넣어 게타 부분을 잘라 펼친다.

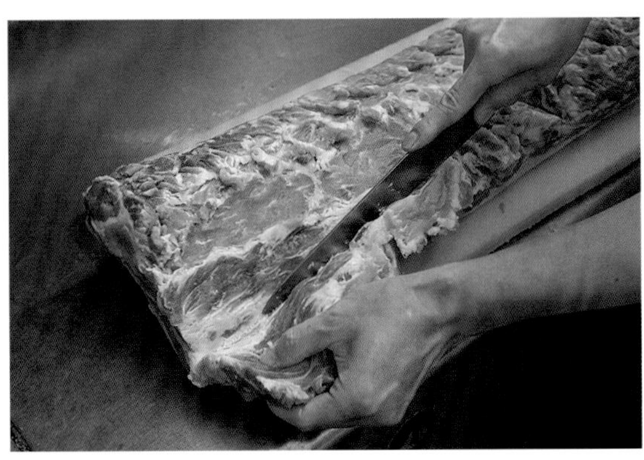

3 펼쳐진 부분을 잘라낸다.

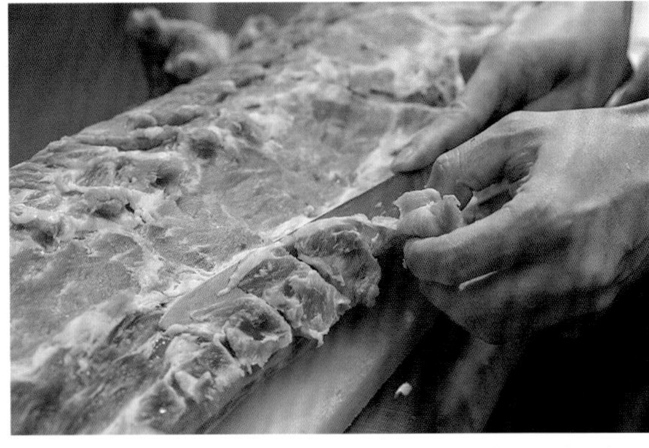

4 끝에 남은 게타의 흔적을 떼어내 반듯한 모양으로 만든다.

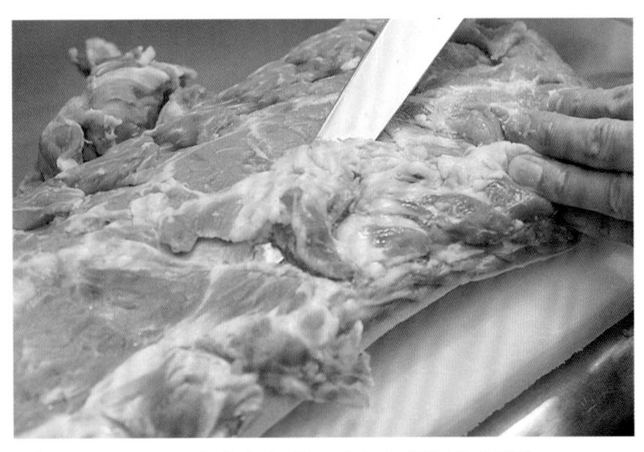

5 허리쪽 부분에 펼쳐져 있는 커다란 막을 잘라낸다.

6 갈빗대쪽의 반대편에 울퉁불퉁한 막이 붙어 있는 부분을 저며내어 들쑥날쑥함을 없앤다. 한 장 160g, 200g, 350g 이상의 세 가지 사이즈로 자른다.

안심

**최대한 고기에 상처가 나지 않게
눈에 띄는 막만을 제거한다.**

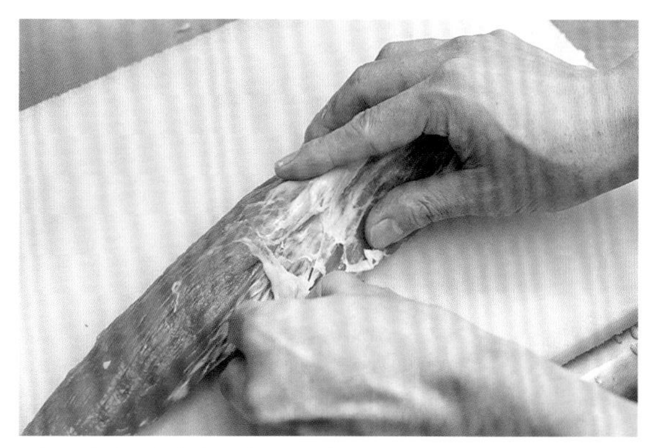

① 돼지고기 안심을 한 줄 통째로 준비한다. 표면에 붙어 있는 얇은 막을 손으로 잡아당겨 제거한다.

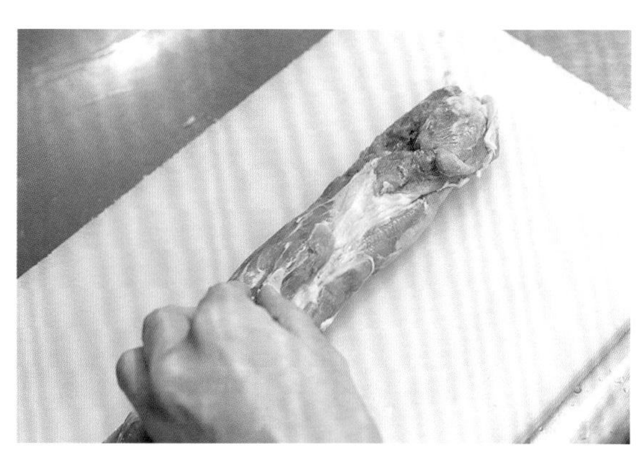

② ①에 의해 허리쪽 부분에 두꺼운 막이 드러난다.

③ 드러난 굵은 막을 위로 향하게 한 다음, 표면을 확인하면서 눈에 띄는 막이나 연골을 칼로 잘라낸다.

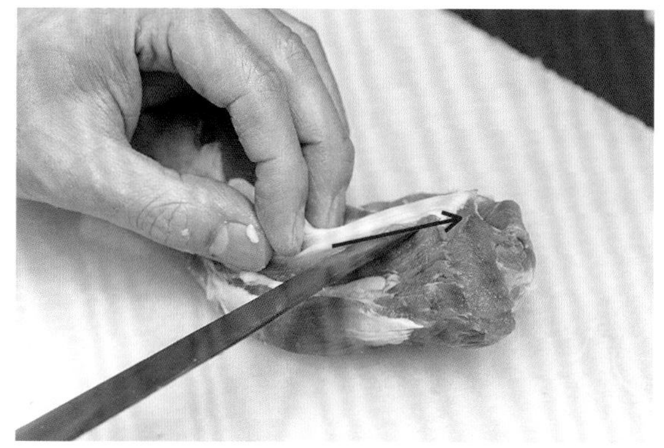

④ 두꺼운 막 밑으로 칼을 넣고 끝까지 밀어서 막을 떼어낸다.

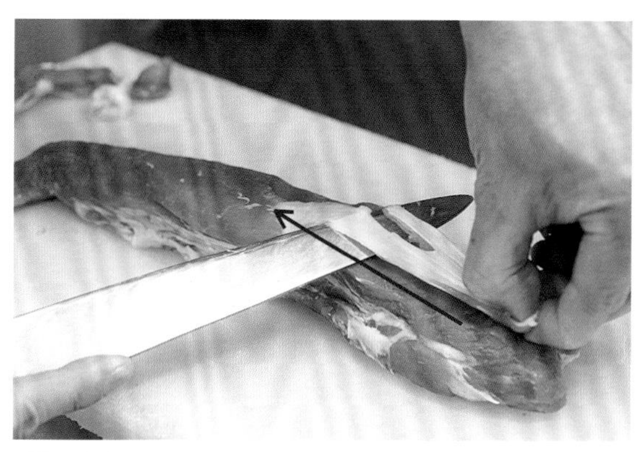

⑤ 막의 끝을 잡고 당기면서, 반대쪽 방향으로 칼을 미끄러지듯 하여 막을 떼어낸다.

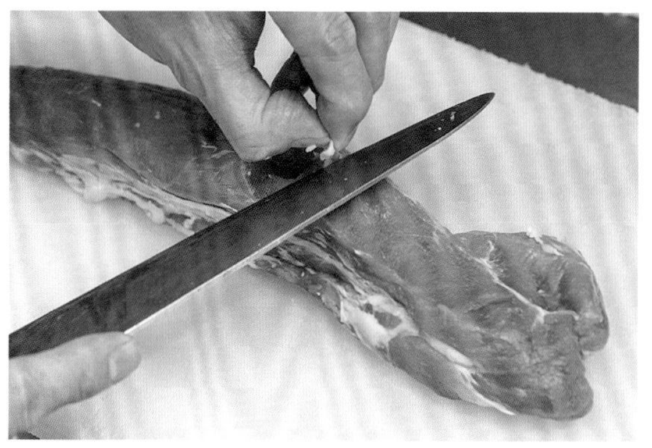

⑥ 표면에 남아 있는 막이나 연골을 잘라낸다. 안쪽에도 붙어 있는 막은 완전히 제거하지 않아도 된다. "안심의 힘줄은 확실하게 튀겨내면 그다지 신경 쓰이지 않습니다."(하시모토 씨)

돼지고기의 밑손질

가스요시 [도쿄 닌교초]

등심

갈빗대 주위의 고기는 두껍게 컷.

단면에 단재(재료를 형태대로 자르고 났을 때 생기는 여분의 조각)**를 붙여 보관 시 건조를 방지한다.**

① 돼지고기 등심을 한 줄 통째로 준비한다. 어깨쪽과 허리쪽 끝 부분을 잘라내어 형태를 정리하고, 등의 지방육은 표면을 고르게 할 정도로만 저민다. 사진은 작업 후.

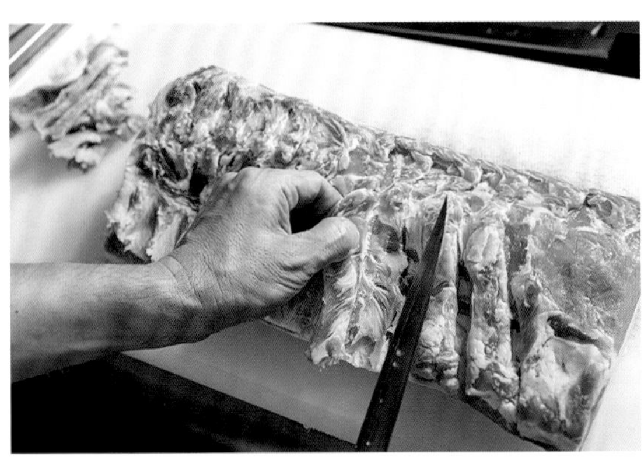

② 게타를 하나하나 두툼하게 잘라낸다. 잘라낸 게타는 가라아게(재료에 밀가루, 녹말가루 등을 묻혀 튀긴 음식)로 만들어 일품요리 안주로 제공한다.

③ 주문이 들어오면 잘라내어 사용한다.

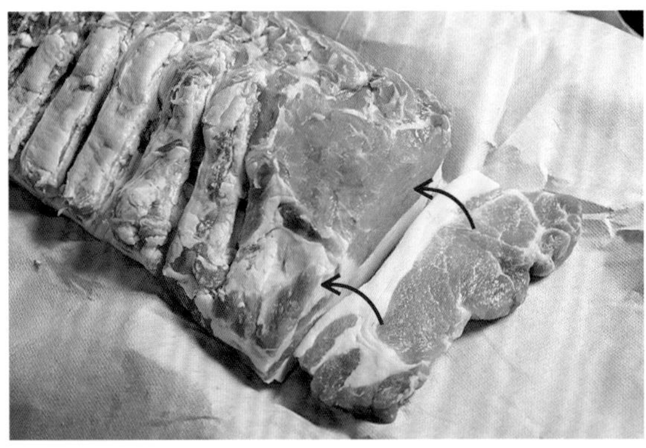

④ 보관할 때는 단면의 건조를 방지하기 위하여, ①에서 잘라낸 끝부분의 고기를 반듯한 모양으로 잘라두었다가 단면에 붙인 채로 미트페이퍼로 감싸놓는다.

돼지고기의 밑손질 (손질 외)

레스토랑 시치조 [도쿄 간다]

손질 후 등심은 약 1주일,
안심은 1~2일 숙성시킨다.

등심

1 돼지고기 등심을 한 줄 통째로 준비한다. 힘줄이 붙어 있는 부분을 잘라내는 등 적당하게 손질하여, 허리쪽(사진)과 어깨쪽, 크게 두 덩어리로 자른다. 허리쪽을 '로스가스'로 사용한다. 미트랩에 싸서 냉장고에서 1주일 정도 놓아두어 숙성시킨다.

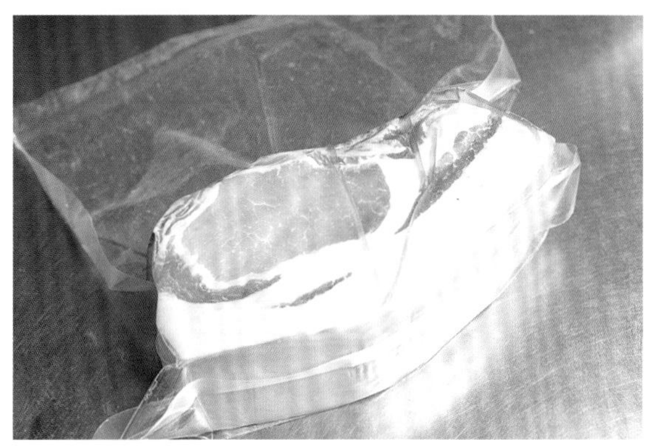

2 적당하게 수분이 빠지고, 살결이 촘촘하고 쫄깃한 질감이 되어 살코기가 약간 갈색빛이 돌면 OK. 그 이상 상태가 변화되지 않도록, 사용하기 편한 크기로 잘라 진공팩에 넣고 냉장고에 보관한다.

안심

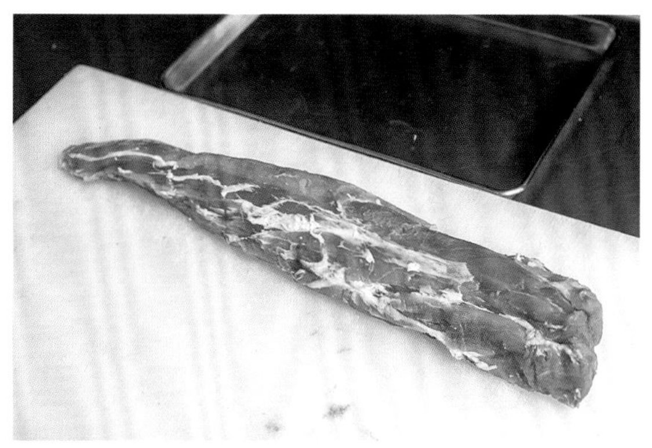

1 돼지고기 안심을 한 줄 통째로 준비한다. 눈에 띄는 막을 잘라내는 등 사진의 상태까지 손질한다.

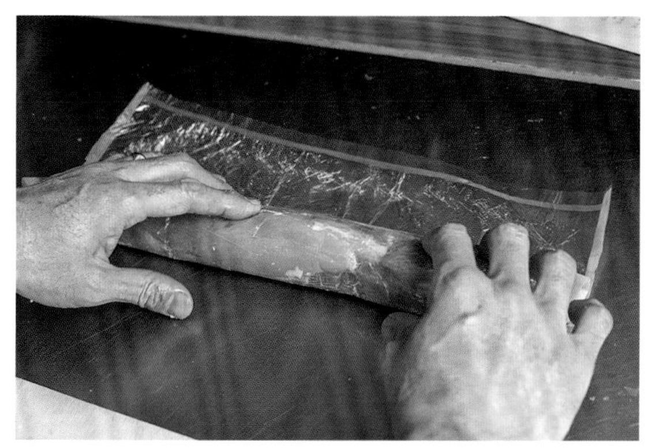

2 안심은 등심보다 수분이 더 많기 때문에, 미트랩보다 흡수력이 높은 흡수시트로 감아서, 냉장고에서 1~2일 두어 숙성시킨다. 적당하게 수분이 빠져 살결이 촘촘하고 쫄깃한 질감이 되어 약간 갈색빛이 돌면 OK.

라드의 추출방법

폰타혼케 [도쿄 오카치마치]

**등심에서 잘라낸 지방육을 가게에서 삶아, 풍부한 풍미를 지닌 라드를 추출.
노포 양식당에서 계승되어온 전통 방식.**

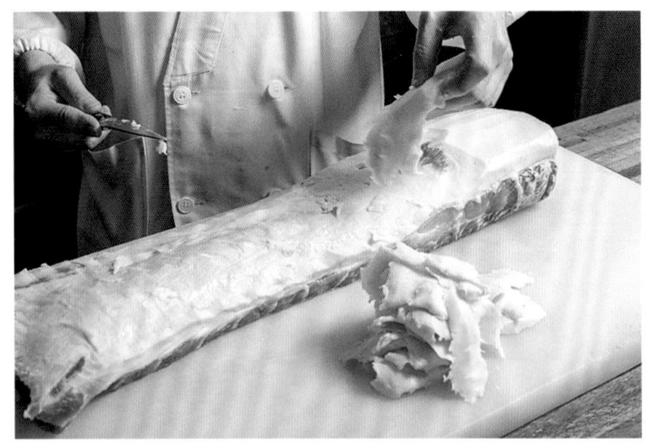

1 돼지고기 등심의 지방육을 잘라낸다. 등의 지방육뿐만 아니라, 갈빗대 주위의 지방육도 사용한다.

2 잘라낸 지방육을 잘게 잘라 냄비에 넣는다. 이 가게에서는 잘게 자른 소 지방육도 소량 첨가한다.

3 사전에 추출한 라드를 냄비 가장자리에 두르고 불을 켠다. 라드를 끼얹는 이유는 눌어붙지 않게 하기 위해서다.

4 눌어붙지 않게 중간중간 저어가며 삶는다. 상태의 변화는 가열 초기에는 천천히 진행되나, 후반부에 이르면 단숨에 진행되므로 주의.

5 사진은 가열을 시작하여 40분 정도 경과된 상태. 지방육에서 기름이 추출되어, 그만큼 지방육은 작아져 있다.

6 사진은 가열을 시작하여 1시간 정도 경과된 상태. 더 가열하면, 기름이 빠진 지방육(찌꺼기)이 타서 추출된 기름에 불필요한 냄새가 배어버리게 된다.

⑦ 불을 끄고, 추출한 기름을 거름망을 겹쳐둔 키친타월에 걸러 볼에 옮긴다.

⑧ 냄비에 남은 찌꺼기를 매셔에 넣어 압착하여 기름을 짜낸다. 짜낸 기름은 일단 냄비에 넣고 나서 ⑦과 같은 방법으로 거른다. 압착하고 난 찌꺼기는 버린다.

추출한 라드는 황금빛으로, 걸쭉하지 않은 상태.

기름을 짜낸 찌꺼기는 끈적하지 않고 마른 상태가 된다.

라드는 녹는점이 낮기 때문에, 상온에 놓아두면 식어서 하얗게 굳는다. 적정량을 냄비나 프라이팬에 옮겨 데워서 사용한다.

기본 돈가스

돈가스 & 프라이의 베리에이션

메뉴 (발췌)

로스가스
110g 1,450엔
150g 1,850엔
200g 2,650엔
벳카쿠別格(특별) 250g~ 3,650엔~

히레가스
110g 1,700엔
150g 2,100엔
200g 2,900엔
벳카쿠 250g~ 3,900엔~

샤부마키가스 1,800엔
삼색미채三色美彩 1,800엔
가로미가스 2,200엔
보리새우 700엔
굴 700엔
소금고로케 250엔
밥·쓰케모노 250엔
국물 250엔
코스 4,000엔 5,000엔 6,000엔

돈가스집

가스요시

도쿄 닌교초

2016년 11월, 예전부터 도쿄 에비스에서 인기를 얻어왔던 가스요시가 닌교초의 한 자리에서 부활했다. 점주인 미즈카미 아키히사 씨가 주방에 서서, 혼신의 돈가스를 아 라 카르트와 코스로 제공한다. 특히 저녁에는 코스가 인기가 많다. '돈가스집 같지 않은 돈가스집'을 지향하는 차분한 일본풍의 공간이 서로 어울려, 회식이나 접대 손님에게도 호평이다. 또 시즈오카 시에 있는 돈가스 맛집 '스이엔도사이水塩土菜'는 가스요시의 또 다른 브랜드.

[가스요시]의
돈가스 생각

밑간은 하지 않고, 얇은 튀김옷으로 고기 본래의 맛을 가둔다.
식사에도 술자리에도 적당한 다목적 가게를 지향.

"에비스의 '가스요시'(현재는 폐점)에 갔을 때, 돈가스를 소금에 찍어먹는 것에 충격을 받았습니다. 돈가스에 웬만한 자신감이 있지 않고서는 할 수 없는 일이에요. 완전히 매료되어 이 길에 들어섰습니다."

이렇게 말하는 것은 점주인 미즈카미 아키히사 씨. 예전에 '돈가스의 귀신'이라고 불렸던 선대인 나가사와 요시토모長澤好朋 씨와 함께, 가스요시를 이끌었던 미즈카미 씨의 돈가스는 바삭하고 가벼운 느낌이다. 튀김옷은 얇게, 고기에 빈틈없이 밀착되어 있는 것이 특징이다. 쇠꼬치로 찔러 달걀물을 묻힌 고기를 위아래로 몇 번이고 탁탁 털어 여분의 달걀물을 철저하게 떨어낸다. "가루도 달걀물도, 확실히 묻히고, 확실히 떨어낸다. 그것이 기본입니다."

고기는 맛이 풍부한 것을 매입하여 소금이나 후추는 뿌리지 않는다. 등심은 지방육을 충분히 남겨 고기의 맛을 확실히 살린다. 얇은 고기를 튀길 때는 냄비 한 개를 쓰고, 두꺼운 고기는 온도차를 둔 냄비 두 개를 사용하는데 고온의 냄비에서 튀기기 시작한다. "튀김옷 속에서 고기를 쪄내는 식입니다"라는 미즈카미 씨. 기름에서 건져올린 단계에서 돈가스는 95% 완성. 그 후 바트에 놓고, 여열로 익혀서 2.5%, 동시에 기름이 빠지면서 2.5%를 마저 완성시킨다. "일련의 프로세스는 단순한 작업이 아닌 전문적인 일입니다. 바쁜 점심시간이 아니라도, 당황하게 되면 원활하게 일을 할 수 없게 됩니다. 특히 튀기고 있는 동안에는 집중하여 차분하게 준비하지 않으면 안 됩니다. 능숙하게 일을 해야 기뻐할 만한 요리를 제공합니다. 요리를 즐기면서 느긋하게 휴식을 취할 수 있는 돈가스집이 되면 좋겠네요."

맛은 물론이거니와, 메뉴를 다양하게 고를 수 있는 편리함도 가스요시의 매력이다. 예를 들어, 돈가스는 로스, 히레 둘 다, 110g, 150g, 200g, 250g 이상 등 네 개의 사이즈로 나뉜다. 식사도 되고, 술안주도 되고, 또 여성들도 편히 먹을 수 있게 하려는 구성이다. 샐러드나 간단한 안주뿐만 아니라, 가짓수가 다른 세 개의 코스 메뉴도 준비했다. 코스의 주문 비율은 저녁엔 70% 정도로 인기가 있고 접대하기도 좋다는 평가를 받고 있다.

"돈가스를 네 개 사이즈로 만드니 일이 는 데다, 한편으로 정성스럽게 일을 꾸준히 해야 한다는 마음가짐이 있기에 지금 이상으로 메뉴를 늘리는 것은 어렵습니다. 그러나 현재 형태로도 다양한 고객들의 기대에 부응하면서, 돈가스집으로서는 비교적 폭넓은 스타일을 선보이고 있다고 생각합니다."

[가스요시かつ好]
東京都中央区
日本橋人形町 3-4-11
03-6231-0641

❶ 점포는 2층 구성으로, 2층은 테이블석으로 되어 있다. ❷ 1층은 카운터석. 선대가 수집해온 술통을 인테리어 자재로 사용했는데, 카운터에는 술통의 옆면, 벽에는 바닥이 쓰였다. ❸ 사무실 빌딩과 주택이 혼재하는 지역의 뒷골목에 위치. ❹ 램프 갓에도 술통의 부품을 활용했다.

브랜드는 정해놓지 않고, 품질을 중시.
적당한 마블링, 탄력 있는 지방육을 확인.

돼지고기는 일본산으로만 한정하나, 브랜드는 지정하지 않고 그때그때 상태가 좋은 것을 매입한다. 주된 산지로는 미에현, 기후현, 시즈오카현, 군마현. 냉동육이나 수분이 많은 이른바 '물돼지'는 물론 안 된다. 등심도 안심도 같은 기준으로 들여오고 있으나, 등심은 살코기에 적당한 마블링이 있고 지방육에 탄력이 있어야 하며, 안심은 촉촉한 육질과 품질을 확인하는 것을 중시한다. "그렇게 좋은 육질의 돼지를, 선대는 '미인돼지美人豚'라고 부르곤 했습니다. 등심에 관해서는 '통통하다'라고 표현하기도 했네요"라는 미즈카미 씨.

가루는 난백가루가 들어간 강력분.
빵가루는 거칠게, 튀김은 가볍게.

가루는 강력분에 난백가루를 배합한 믹스코를 사용한다. 난백가루의 성분에 의해 일반적인 밀가루보다도 고기에 더 잘 달라붙는다고 한다. 빵가루는 굵은 생빵가루를 선택했다. "쫄깃하고, 촉촉하지 않고, 튀겨졌을 때 가볍게 바삭해지는 것. 그리고 기름이 잘 빠지는 것"으로 특별 주문한 것이다. 시즈오카 시에 있는 계열사 돈가스집 스이엔도사이에서는 같은 지역에 있는 빵가게에 의뢰하고 있으나, 도쿄 진출에 맞추어 새로운 업체도 개척했다. 현재는 시즈오카의 빵집 제품과, 그것과 같은 사양으로 도쿄의 빵가루 업체에 특별 주문한 것을 함께 쓰고 있다.

튀김
기름

옥수수기름과 참깨기름의 블렌드.
바삭하고 가볍게 튀긴다.

옥수수기름과 참깨기름을 6.5 : 3.5의 비율로 블렌드한 기름을 사용. "바삭하고 가볍게 튀겨지고, 참깨기름만의 풍미도 매력"이라는 미즈카미 씨. 선대 때는 콩기름을 사용한 적도 있었다 한다. 튀김냄비는 동냄비로 큰 것을 두 개, 그 사이에 작은 것을 한 개 배치. 기본적으로는 큰 냄비 두 개를 사용하는데, 한쪽은 고온, 다른 한쪽은 그것보다 약간 낮은 온도로 설정해 두툼한 고기는 두 개의 냄비를 왔다갔다 한다. 그 외에도 재료나 재료의 두께에 맞게 냄비를 나누어 사용해 다양한 메뉴에 대응하고 있다. 또, 작은 냄비는 굴프라이 등 기름이 비교적 쉬이 지저분해지는 메뉴에 사용하고 꼼꼼하게 기름을 교체하고 있다.

제공
방법

단품과 코스는 다른 담음새로.
메뉴에 따라 먹는 방법도 다채롭게.

돈가스는 단품에서는 양배추와 함께 큰 그릇에 담아서 제공한다. 코스의 경우엔 자체 제작한 동그릇에 돈가스만을 얹고, 양배추는 그 전에 다른 접시에 담아 낸다. 돈가스 소스와 드레싱, 간장을 테이블에 준비해놓긴 했지만, 메뉴별로 먹는 방법을 다채롭게 제안하는 것이 이 가게의 스타일. 후쿠이산 겨자를 갠 연겨자, 가게에서 만든 매실소금, 간 무를 더한 폰즈 등 메뉴에 어울리는 조미료를 요리에 곁들인다. 레몬을 듬뿍 짜먹는 방법을 추천하는 가로미가스(46쪽)에는 씨가 떨어지지 않게 레몬을 망사 형태의 페이퍼에 싸서 제공하는 등 독특한 아이디어도 엿볼 수 있다.

로스가스 200g

사용하는 돼지고기는 등심 중에서 지방육이 잘 퍼져 있는 어깨쪽 부분. 밑간은 하지 않고, 고기 본래의 맛을 어필한다. 사진은 200g이나, 250g 이상의 두꺼운 돈가스를 가스요시에서는 '벳카쿠別格'라고 부른다.

조리의 흐름

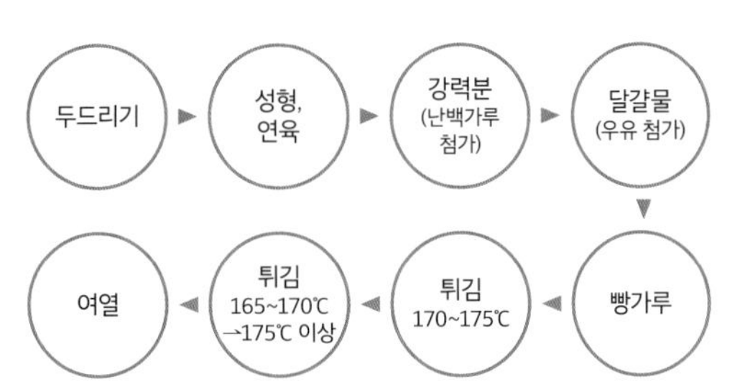

재료 (1접시분)

돼지고기 등심육(32쪽 참조) 1장(200g)

강력분(난백가루 첨가) 적량

달걀물(우유 첨가)* 적량

빵가루 적량

튀김기름(옥수수기름과 참깨기름을 6.5 : 3.5의 비율로 블렌드) 적량

곁들임: 채 썬 양배추(차조기 잎 첨가), 레몬, 갠 겨자

*전란 7개와 우유 400g을 거품기로 골고루 섞은 후 거름망에 거른다.

만드는 방법

고기에 착 달라붙어 있는 아주 얇은 튀김옷.

❶ 등심육은 한 면을 고기망치로 가볍게 두드려 평평하게 편다.

❷ 하부에 힘줄이 많은 부분을 잘라낸다.

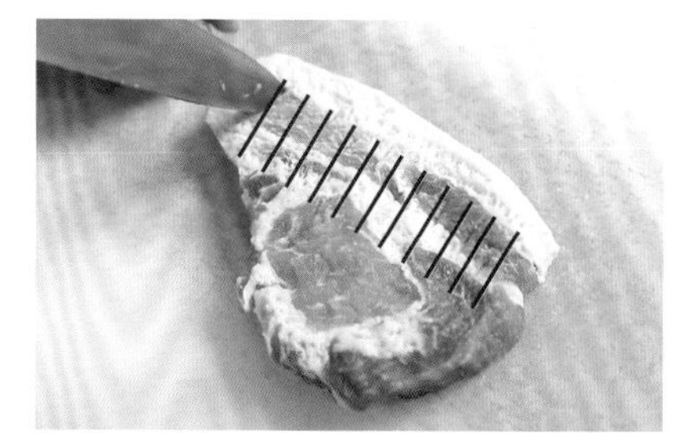
❸ 칼끝을 사용해 연육한다(힘줄을 끊는다). 연육은 양쪽 면에 해준다.

❹ 강력분을 묻히고 손으로 두드려 여분의 가루를 떨어낸다.

❺ 쇠꼬치를 사용해 달걀물을 묻히고 위아래로 털어 여분의 달걀물을 확실하게 떨어낸다.

❻ 빵가루를 듬뿍 묻혀 바트로 옮긴다.

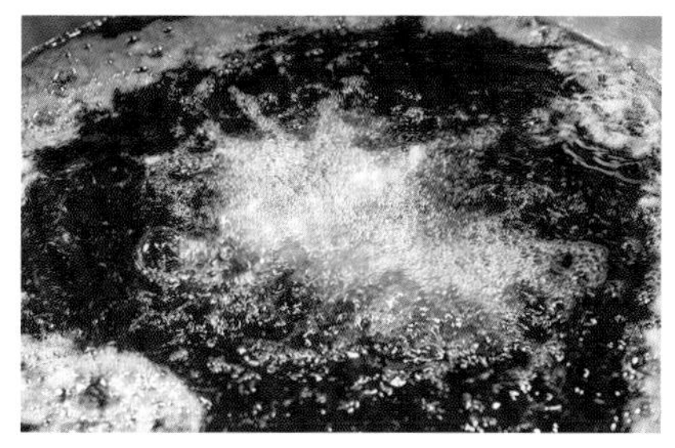
❼ 170~175℃의 튀김기름에 넣고, 튀김옷이 굳을 때까지 3~4분 정도 튀긴다. 그사이에 고기를 건드리지 말 것.

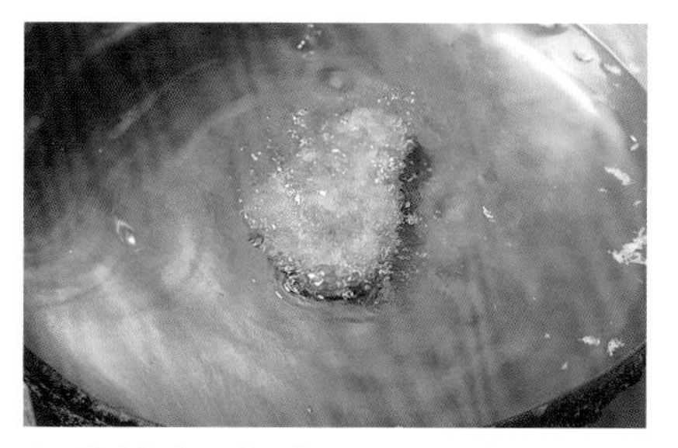
❽ 튀김옷이 굳었으면 165~170℃의 튀김기름으로 옮겨, 점차적으로 온도를 올려가면서 다시 5분 정도 튀긴다. 다 튀겨졌을 때의 기름의 온도는 175℃ 이상을 목표로 한다.

❾ 튀김망을 깔아놓은 바트에 옮겨 휴지시키고, 기름을 빼는 동시에 여열로 마저 익힌다. 이 공정은 1분 30초~2분. 완성 단계에 돈가스를 젓가락으로 들어올려 살짝 기름을 떨어낸다. 잘라서 접시에 담는다.

조리의 포인트

1 전란에 우유를 섞는다

전란에 우유를 섞는 것은 우유로 돼지고기 특유의 냄새를 제거하는 것이 주요한 목적. 질 좋고 선도가 좋은 고기이기에 기본적으로 냄새는 없으나, 이 한 가지 수고를 더해 만전을 기한다. 또 우유로 달걀물의 농도를 묽게 하여 튀김옷을 얇게 하는 목적도 있다.

2 두드려서 균일한 두께로

고기를 두드리는 목적은 섬유질을 끊어 부드럽게 하는 것이 아니라, 두께를 일정하고 평평하게 해서 균일하게 익히는 것이다.

3 가루와 달걀물의 층은 최대한 얇게

강력분을 얇게 묻히는 것은 물론이거니와, 불필요한 달걀물도 철저하게 떨어내어 달걀물을 얇게 한다. 빵가루와 고기 사이에 생기는 노란색의 층이 두꺼워지지 않도록 한다. 다 튀겨진 단면을 확인했을 때, 빵가루와 고기가 붙어 있는 것처럼 보이게 하는 것이 이상적이다(맨 위의 사진).

4 냄비 두 개로 조리 + 여열

두께가 있는 고기는 우선 고온의 튀김기름에 넣어 튀김옷을 굳힌다. 그 후, 그보다도 약간 낮은 온도의 튀김기름에 옮겨 익히고, 그대로 온도를 올려 고온에서 튀김을 마친다. 냄비에서 건져올린 단계에서 95% 완성을 목표로 한다. 바트에 옮겨 기름을 빼고 여열로 익혀 완성한다.

히레가스 200g

로스가스처럼 보이기도 하는 넓적한 형태가 특징인 가스요시의 히레가스. 동그란 모양 혹은 막대 모양에 비해
입에 넣는 순간 빵가루가 많이 느껴져, 입맛에 맞지 않을 수 있는 안심 특유의 향이 적당히 가려지게 된다.
사용하는 고기는 안심 중에서도 특히 부드러운 중앙 부분의 고기.

조리의 흐름

재료 (1접시분)

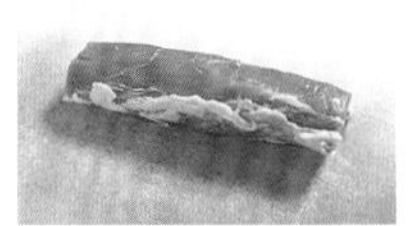

돼지고기 안심육* 1조각(200g)

강력분(난백가루 첨가) 적량

달걀물(우유 첨가)** 적량

빵가루 적량

튀김기름(옥수수기름과 참깨기름을 6.5 : 3.5의 비율로 블렌드) 적량

곁들임: 채 썬 양배추(차조기 잎 추가), 레몬, 갠 겨자

* 한 줄 통째로 들여와, 근막과 지방육을 제거하는 등 사진과 같은 상태로 사전에 밑손질한 다음 미트페이퍼로 싸서 수분을 살짝 빼놓는다.

** 전란 7개와 우유 400g을 거품기로 골고루 섞은 후 거름망에 거른다.

만드는 방법

안심육을 갈라 펼쳐 넓적한 형태로.

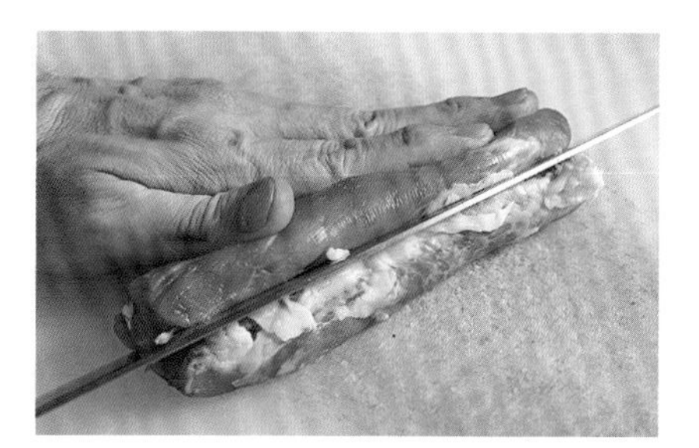
❶ 안심육은 옆에서부터 칼집을 넣어 갈라 펼친다.

❷ 펼쳐진 안쪽 면을 위로 향하게 놓고, 고기망치로 가볍게 두드려 평평하게 편다.

❸ 강력분을 묻히고 손으로 털어 여분의 가루를 떨어낸다.

❹ 쇠꼬치를 사용해 달걀물을 묻히고 위아래로 털어 여분의 달걀물을 확실하게 떨어낸다.

❺ 빵가루를 듬뿍 묻혀 바트로 옮긴다.

❻ 170~175℃의 튀김기름에 넣고, 튀김옷이 굳을 때까지 3~4분 정도 튀긴다. 그사이에 고기는 건드리지 말 것.

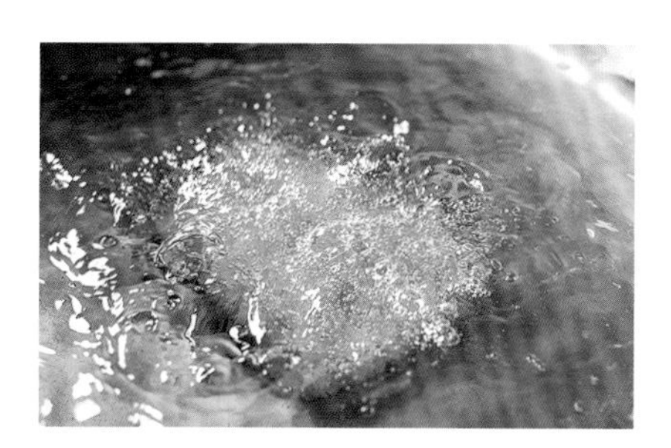
❼ 튀김옷이 굳었으면 165~170℃의 튀김기름으로 옮겨, 서서히 온도를 올려가며 다시 4~5분 더 튀긴다. 다 튀겨졌을 때의 기름 온도는 175℃ 이상을 목표로 한다.

❽ 튀김망으로 옮겨 기름기를 빼는 동시에 여열로 익힌다. 이 과정은 1분 30초~2분.

❾ 완성 단계에서 돈가스를 젓가락으로 들어올려 살짝 기름을 떨어낸다. 잘라서 접시에 담는다.

조리의 포인트

1 전란에 우유를 섞는다

전란에 우유를 섞는 것은 우유로 돼지고기 특유의 냄새를 제거하는 것이 주요한 목적. 질 좋고 선도가 좋은 고기이기에 기본적으로 냄새는 없으나, 이 한 가지 수고를 더해 만전을 기한다. 또 우유로 달걀물의 농도를 묽게 하여 튀김옷을 얇게 하는 목적도 있다.

2 독특한 형태, 균일한 두께로

안심육을 갈라 펼쳐, 독특한 형태로 완성한다. 갈라 펼쳐서 고기를 두드리는 목적은 섬유질을 끊어 부드럽게 하는 것이 아니라, 두께를 일정하고 평평하게 해서 균일하게 익히는 것이다.

3 가루와 달걀물의 층은 최대한 얇게

강력분을 얇게 묻히는 것은 물론이거니와, 불필요한 달걀물도 철저하게 떨어내어 달걀물을 얇게 한다. 빵가루와 고기 사이에 생기는 노란색의 층이 두꺼워지지 않도록 한다. 다 튀겨진 단면을 확인했을 때, 빵가루와 고기가 붙어 있는 것처럼 보이게 하는 것이 이상적이다(맨 위의 사진).

4 냄비 두 개로 조리 + 여열

두께가 있는 고기는, 우선 고온의 튀김기름에 넣어 튀김옷을 굳힌다. 그 후, 그보다도 약간 낮은 온도의 튀김기름에 옮겨 익히고, 그대로 온도를 올려 고온에서 튀김을 마친다. 냄비에서 건져올린 단계에서 95% 완성을 목표로 한다. 바트에 옮겨 기름을 빼고 여열로 익혀 완성한다.

가로미가스

튀김옷의 바삭바삭함을 강조하기 위해, 고기의 두께를 조절한 가벼운(가로미) 일품요리.
두께 7mm, 75g 정도의 등심육을 사용한 돈가스를 한 접시에 2장 담는다. 식전음식처럼 즐길 수 있고,
술안주로서도 인기다. 곱게 간 무 + 레몬즙 + 소량의 간장을 더해 먹어볼 것을 추천한다.

조리의 흐름

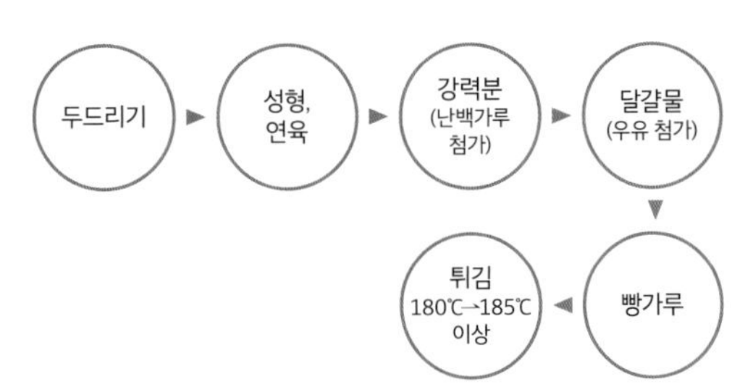

재료 (1접시분)

돼지고기 등심육(32쪽 참조) 2장(1장 75g)
강력분(난백가루 첨가) 적량
달걀물(우유 첨가)* 적량
빵가루 적량
튀김기름(옥수수기름과 참깨기름을 6.5 : 3.5의 비율로 블렌드) 적량
곁들임: 채 썬 양배추(차조기 잎 첨가), 레몬, 갠 겨자, 간 무, 와사비

*전란 7개와 우유 400g을 거품기로 골고루 섞은 후 거름망에 거른다.

만드는 방법

튀김옷의 식감이 좋도록
전체적으로 얇게 만든다.

❶ 등심육은 한 면을 고기망치로 가볍게 두드려 평평하게 편다.

❷ 하부에 힘줄이 많은 부분을 잘라낸다.

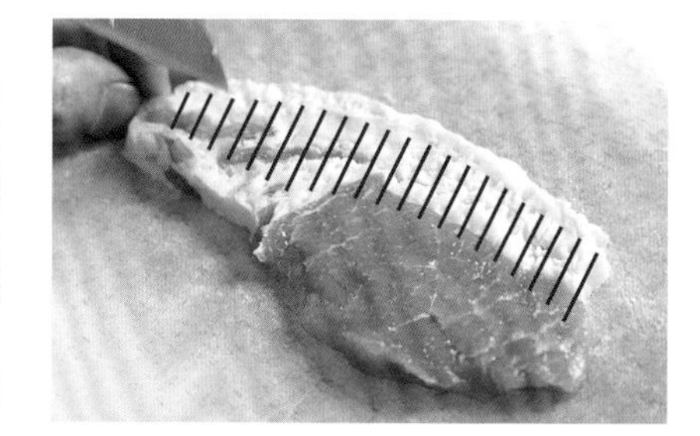

❸ 칼끝을 사용해 촘촘하게 연육한다.

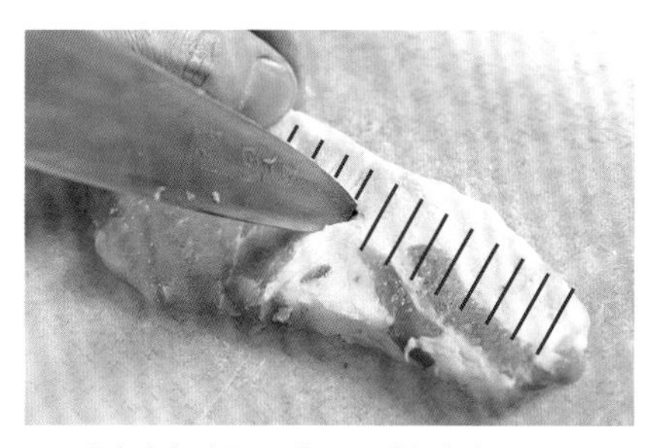

❹ 뒤집어서 같은 요령으로 연육한다.

❺ 강력분을 묻히고 손으로 털어 여분의 가루를 떨어낸다.

❻ 쇠꼬치를 사용해 달걀물을 묻히고 위아래로 털어 여분의 달걀물을 확실하게 떨어낸다.

❼ 빵가루를 듬뿍 묻혀 바트로 옮긴다.

❽ 180℃의 튀김기름에 넣고, 약 40초 후, 튀김옷이 굳으면 뒤집는다. 튀기는 시간은 총 1분 30초~2분. 다 튀겨졌을 때의 기름 온도는 185℃ 이상을 목표로 한다.

❾ 튀김망에 옮겨 기름을 뺀다. 완성 단계에서 돈가스를 젓가락으로 들어올려 살짝 기름을 떨어낸다. 잘라서 접시에 담는다.

조리의 포인트

1 연육은 촘촘하고 확실하게

비교적 얇게 잘라낸 고기는 익힐 때 휘어버리기 쉽기 때문에, 힘줄을 촘촘하고 확실하게 끊어서 휘어짐을 방지한다.

2 고온, 단시간에 튀긴다

얇게 잘라낸 고기는 비교적 빨리 익어버리므로, 고온의 튀김기름에 투입하여 단시간에 튀긴다.

샤부마키가스

얇게 자른 고기가 밀푀유
형태로 되어 있다.

가스요시에서 약 30년 전에 출시되어 아직까지도 인기가 높은 메뉴.
10g으로 얇게 자른 등심육 네 장을 둥글게 말아서 튀긴 일품요리로,
육즙과 녹아내린 지방육이 입안 가득히 퍼지는 것이 매력.

재료 (1접시분)

돼지고기 등심육(얇게 슬라이스) 12장(1장 10g)

강력분(난백가루 첨가) 적량

달걀물(우유 첨가)* 적량

빵가루 적량

튀김기름(옥수수기름과 참깨기름을
6.5 : 3.5의 비율로 블렌드) 적량

곁들임: 채 썬 양배추(차조기 잎 첨가),
갠 겨자, 레몬, 간 무를 섞은 폰즈

*전란 7개와 우유 400g을 거품기로
골고루 섞은 후 거름망에 거른다.

조리의 흐름

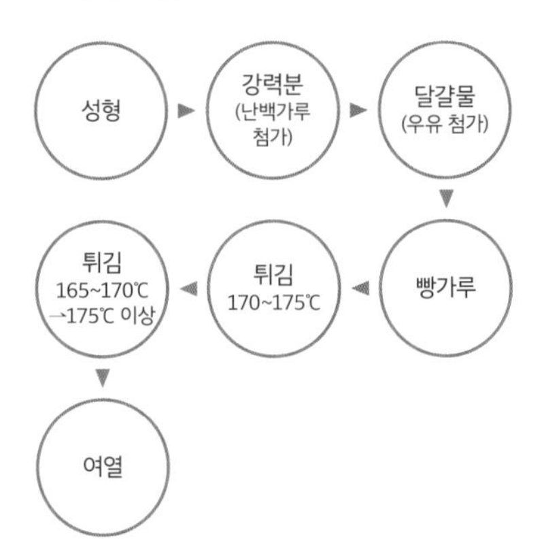

조리의 포인트

1 빈틈이 생기지 않게 돌돌 만다

돼지고기 네 장을 말아서 한 덩어리로 만들 때는 빈틈이 생기지 않도록 단단하게 말아 고기와 고기를 확실하게 밀착시킨다.

만드는 방법

❶ 돼지고기 등심육 네 장을 사용하여, 돌돌 말고 접어서 아래의 사진 같은 모양으로 만든다. 이것을 세 개 준비한다.

❷ 강력분을 묻히고 손으로 털어 여분의 가루를 떨어낸다.

❸ 쇠꼬치를 사용하여 달걀물을 묻히고 위아래로 털어 여분의 달걀물을 확실하게 떨어낸다.

❹ 빵가루를 듬뿍 묻혀 바트로 옮긴다.

❺ 170~175℃의 튀김기름에 넣어, 튀김옷이 굳을 때까지 3~4분 튀긴다. 그사이에 고기는 건드리지 말 것.

❻ 튀김옷이 굳었다면 165~170℃의 튀김기름으로 옮겨, 점차적으로 온도를 높여가면서 5분 튀긴다. 튀겨졌을 때의 기름 온도는 175℃ 이상을 목표로 한다.

❼ 튀김망에 옮겨 휴지시키고, 기름을 빼는 동시에 여열로 마저 익힌다. 이 공정은 1분 30초~2분. 완성 단계에서 돈가스를 젓가락으로 들어올려 살짝 기름을 떨어낸다. 잘라서 접시에 담는다.

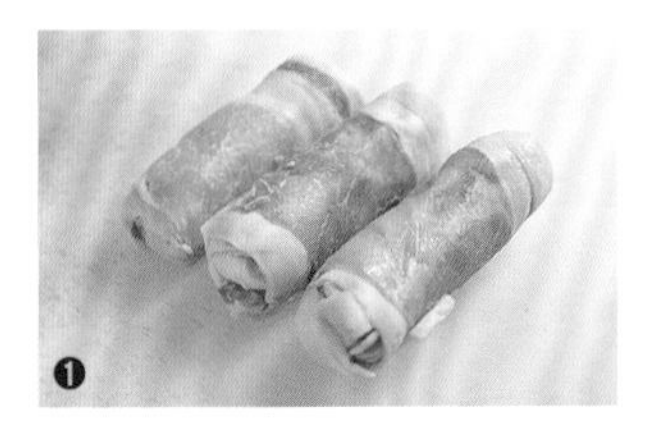

소금고로케

직접 잘랐기에 느낄 수 있는
고기의 존재감.

폭신폭신한 감자의 느낌에, 손으로 자른 고기의 식감과 풍미가 매치.
간은 소량의 소금, 후추와 맛을 낼 정도의 버터가 전부.
스이엔도사이에서는 니쿠자가(고기감자조림)풍의 '간장고로케'도 인기.

재료 (1인분)

반죽(개당 50g)
- 감자(껍질 벗긴 것) 500g | 돼지고기 200g
- 양파(다진 것) 125g | 소금·후추* 6g
- 버터 12g | 식용유(옥수수기름) 적량

강력분(난백가루 첨가) 적량
달걀물(우유 첨가)** 적량
빵가루 적량
튀김기름(옥수수기름과 참깨기름을 6.5:3.5의 비율로 블렌드) 적량
곁들임: 채 썬 양배추(차조기 잎 첨가)

* 소금과 백후추, 흑후추를 섞은 것.
** 전란 7개와 우유 400g을 거품기로 골고루 섞은 후 거름망에 거른다.

조리의 흐름

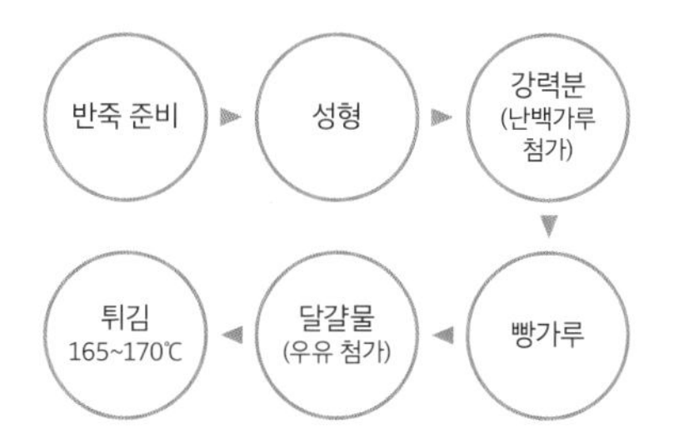

조리의 포인트

1 고기는 칼로 자른다

고기는 기계로 갈지 말고, 칼로 잘게 자르면 식감이 풍성해진다. 또한 맛이 느끼해지지 않도록 지방육은 적당히 제거한다.

2 빵가루는 색이 나면 OK

반죽을 사전에 다 익혀놓았기 때문에, 빵가루가 적당한 색을 띠면 건져올린다. 젓가락으로 들어올렸을 때 가벼워졌는지 등 무게의 변화도 튀김이 완성되었는지를 판별하는 기준이 된다.

만드는 방법

❶ 반죽을 준비한다. 감자는 껍질째 찜기에 넣고 찐 뒤 껍질을 벗긴다. 돼지고기는 지방육을 어느 정도만 제거하고, 고기의 식감이 남을 정도의 크기로 굵게 썬다.

❷ 프라이팬에 식용유를 두르고, 양파와 ❶의 돼지고기를 볶는다. 다 익었으면 소금, 후추, 버터를 넣고 섞는다. 고루 섞였으면 볼에 덜어넣고, ❶의 감자를 더해 부숴가면서 섞는다.

❸ 한 개를 50g으로 계량하여, 원통형으로 둥글린다. 냉장고에 넣어 보관한다.

❹ 강력분을 묻히고 손으로 털어 여분의 가루를 떨어낸다.

❺ 쇠꼬치를 사용하여 달걀물을 묻히고 위아래로 털어 여분의 달걀물을 확실하게 떨어낸다.

❻ 빵가루를 듬뿍 묻혀 바트로 옮긴다.

❼ 165~170℃의 튀김기름에 넣고, 빵가루에 노릇한 색이 날 때까지 튀긴다.

❽ 튀김망에 옮겨 기름을 뺀다. 완성 단계에서 고로케를 젓가락으로 들어올려 살짝 기름을 떨어내고 그릇에 담는다.

❸

❹

❺

❼

보리새우

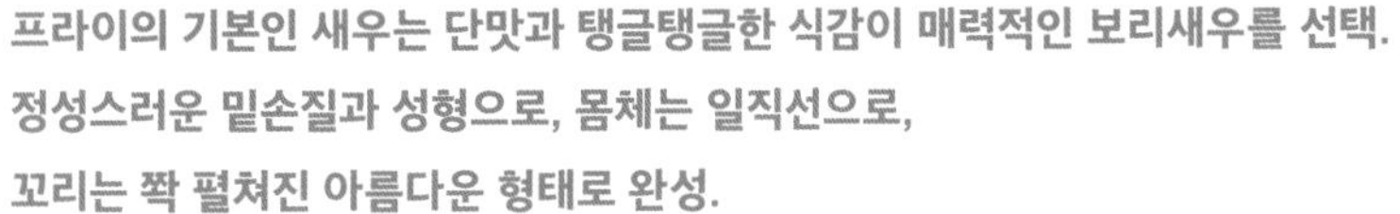

프라이의 기본인 새우는 단맛과 탱글탱글한 식감이 매력적인 보리새우를 선택. 정성스러운 밑손질과 성형으로, 몸체는 일직선으로, 꼬리는 쫙 펼쳐진 아름다운 형태로 완성.

조리의 흐름

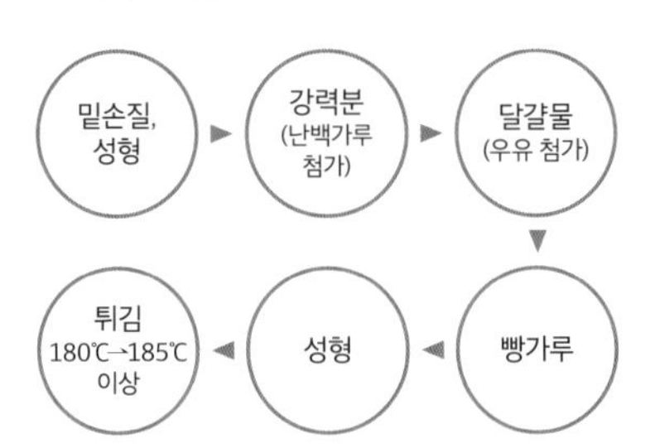

조리의 포인트

1 꼬리를 펼쳐 예쁘게

생보리새우는 꼬리 뒤쪽에 있는 껍데기 부분을 으깨면, 꼬리가 좌우로 쫙 펴진 형태로 만드는 것이 가능하다. 이 상태로 손질, 정리한 후 튀겨서 보기 좋은 모양새로 완성한다.

2 고온에서 단숨에 튀긴다

고온의 튀김기름에서 단숨에 튀겨, 살 속이 은은한 투명감이 남도록 튀기는 것을 목표로 한다.

적당한 투명감이 남도록 튀겨낸다.

재료 (1접시분)

보리새우 1마리

강력분(난백가루 첨가) 적량

달걀물(우유 첨가)* 적량

빵가루 적량

튀김기름(옥수수기름과 참깨기름을 6.5 : 3.5의 비율로 블렌드) 적량

곁들임: 레몬

*전란 7개와 우유 400g을 거품기로 골고루 섞은 후 거름망에 거른다.

만드는 방법

❶ 보리새우는 대가리와 내장을 제거하고 껍질을 벗긴다.

❷ 배쪽에 칼집을 여러 곳 넣는다. 등을 따라 일직선으로 칼집을 넣고, 등 내장을 꺼낸다. 사진은 밑손질 후.

❸ 강력분을 묻히고 손으로 두드려 여분의 가루를 떨어낸다.

❹ 꼬리를 잡고 달걀물을 묻히고 위아래로 털어 여분의 달걀물을 확실하게 떨어낸다.

❺ 빵가루를 듬뿍 묻힌다. 꼬리 뒤쪽에 있는 껍데기 부분(검은 테두리)을 손가락으로 집어 '툭' 하고 소리가 날 때까지 으깨어 꼬리를 편 뒤 바트로 옮긴다.

❻ 180℃의 튀김기름에 넣고, 점차적으로 온도를 올려가면서 1분~1분 30초 튀긴다. 다 튀겨졌을 때의 기름온도는 185℃ 이상을 목표로 한다.

❼ 튀김망에 옮겨 기름을 뺀다. 완성 단계에서 새우프라이를 젓가락으로 들어올려 살짝 기름을 떨어내고, 접시에 담는다.

❷

❺-1

❺-2

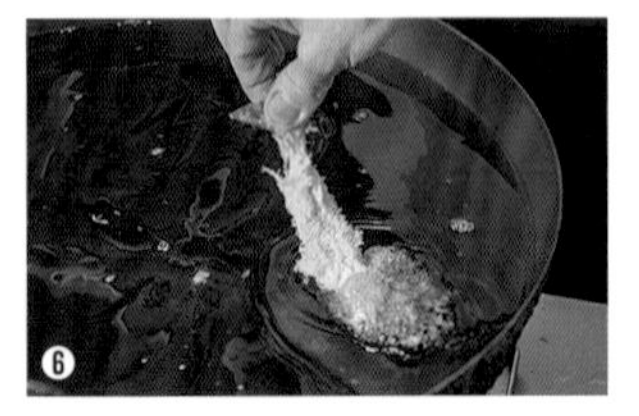

❻

양배추는 어떻게 다루어야 하나

돈가스의 명조연인 채 썬 양배추. 요즘엔 전용 기계도 등장하여, 그것을 활용해 효율성을 높인 가게도 있으나, 그와는 반대로 손으로 자르는 것을 고집하는 가게도 있다. 일례로, 스기타에서는 양배추 채썰기도 점주 사토 미쓰오 씨의 일 중 하나다. 양배추 한 포기를 여러 등분으로 자른 뒤 잎맥 방향에 수직으로 칼을 넣는다는 생각으로 끝에서부터 한 번에 채썰기 한다(사진). 자른 양배추는 손님에게 내기 직전에 물에 씻고, 확실하게 물기를 빼둔다. "물에 씻으면 풋내가 적당히 빠져 부담 없이 먹을 수 있고, 아삭해지는 효과도 있다고 생각합니다. 단, 너무 오래 씻는 것은 절대 안 됩니다. 살짝 씻어내는 정도입니다"라고 사토 씨는 말한다.

폰타혼케도 손으로 써는데, 양배추는 이파리가 연한 것을 사용한다. 잎을 여러 장씩 겹쳐, 잎맥 방향에 수직으로 칼을 넣어 채를 썬다. 자른 양배추는 물에 씻지 않고, 그대로 사용한다. "물에 씻으면, 양배추 본래의 풍미와 단맛이 빠져버린다고 생각해서요"라는 점주 시마다 요시히코 씨.

어느 가게이건 신선한 양배추를 사용하여, 자른 후부터 제공하기까지의 시간을 가능한 한 짧게 해야 한다는 것은 공통된 인식이다. 거기에 독자적인 철학과 노하우도 가미되어, 돈가스 한 접시를 받쳐주는 명조연을 완성하고 있다.

메뉴

돈가스
안심 2,400엔
등심 2,100엔

소테
안심 2,500엔
등심 2,300엔

새우프라이* 시가
오믈렛 1,200엔
샐러드 1,500엔
밥 300엔
돈지루 200엔

* 새우프라이는 새우가 입하되는 경우에만 제공

스기타

도쿄 구라마에

1977년에 창업한 돈가스집 스기타. 메뉴는 돈가스와 소테의 안심과 등심 각 2종, 새우프라이, 오믈렛, 샐러드, 밥, 돈지루로 심플한 구성. 팔리는 상품을 명확하게 하여 일품일품에 확실하게 수고와 애정을 쏟아붓는다는, 입지의 특성을 반영한 구성이다. '제대로 만든, 왕도의 돈가스'를 지향하는 자세는 2대 점주인 사토 미쓰오 씨에게 바통이 옮겨온 지금도 변하지 않았다.

[스기타]의
돈가스 생각

'등심은 등심, 안심은 안심'의 간결한 상품 구성. 기적을 바라지 않고, 왕도의 돈가스를 추구해나간다.

스기타의 돈가스는 등심과 안심이 한 종류씩이다. '특상' '상' '병'으로 나누지도 않았으며, 양이 다른 메뉴도 두지 않았다. 간결한 메뉴 구성의 이유는 명쾌하다. "어느 부분을 잘라내도, 등심은 등심, 안심은 안심이에요. 지방육이 많든 적든 사용 부분은 손님의 연령층이나 단골분들의 기호 등에 비추어 판단합니다. 볼륨감도 포함해서, 우리가 최고라고 생각하는 돈가스를 제공하고 싶었습니다." 점주 사토 미쓰오 씨의 대답이다.

돈가스집이 가업이었던 사토 씨에게 양배추를 자르거나 냄비를 씻는 일 등을 돕는 것은 학생 때의 일과였다. 놀러 가기 전에 하지 않으면 안 되는 당연한 역할이었다고 말한다. 약 20년 전에 가게에 들어와 나중에 부친이자 선대로부터 가게를 물려받았으나, 그 이전부터 선대가 하는 일을 가까이서 보면서 가르침을 몸에 익혀왔다.

스기타의 돈가스는 저온과 고온의 냄비를 왔다갔다 하는 것이 큰 특징. 먼저 고온의 냄비에서 튀김옷을 굳히고, 저온의 냄비로 옮겨 천천히 고기를 익힌다. 그 후 다시 고온의 냄비에 넣어 몇 분간 튀기고, 바트에 옮겨 여열로 완성시키는 흐름이다. "고기의 익힘에 대해서는 '아슬아슬하게 하지 말고 확실하게 익혀라'라는 부친의 가르침을 따르고 있습니다. 저온과 고온, 두 개의 냄비를 사용하는 것도 부친의 방법으로, 당신은 '기름으로 기름을 뺀다'라고 표현하셨지요. 실제로 완성 단계에서 고온의 기름을 통하게 되면, 바삭하게 튀겨지게 돼요"라는 사토 씨. 고기를 두드리거나, 힘줄을 자르는 일도 하지 않는데, 그것도 "고기의 감칠맛이 사라져버린다"라는 선대의 논리에 기초하고 있다.

한편, 더 높은 수준의 돈가스를 위해 2대째가 되어 손본 부분도 있다. 예를 들어, 이전에는 밑간으로 소금과 후추를 사용했으나 지금은 소금만 쓴다. 예전에 비해 돼지고기의 품질이 높아졌고, 고기의 맛이 더 잘 우러나는 조리 방법과 먹는 방법으로 바꿔야겠다고 생각했기 때문이다. 이런 생각으로 고기를 두툼하게 잘라내게 되었고, 그에 따라 튀기는 온도나 시간도 세밀하게 조정했다.

"시내에 위치해 있기 때문에 예부터 오신 단골손님도 많고, 이른바 '식통食通(요리 맛에 정통한 사람, 미식가)'인 분도 있습니다. 이러한 손님들께 눈속임은 통하지 않습니다. 그렇기 때문에 제대로 된 일을 하고, 기적을 바라지 않으며, 왕도의 돈가스를 제공합니다. 필요한 부분은 손을 보겠지만, 우리의 뿌리는 앞으로도 더 중요하게 여겨서 계속 본질을 추구해나가고 싶네요"라고 사토 씨는 말한다.

[스기타すぎ田]
東京都台東区寿 3-8-3
03-3844-5529

❶ 도쿄의 대표적 관광지역 아사쿠사에 근접한 구라마에 지역에 가게를 열었다. ❷ 건물 1층이 식당이며, 2대째 점주의 기술을 가까이에서 볼 수 있는 카운터가 특등석. ❸ 가게 안쪽으로 '호리고타쓰(마루청을 뚫고 묻은 고타쓰)' 식의 다다미방을 준비해서 단체 손님과 가족 단위 손님을 맞는다. ❹ 벽에는 메뉴 팻말이 걸려 있어, 메뉴를 한눈에 알 수 있다.

**양질이며 향이 강하지 않은 양질의 돼지고기.
브랜드보다는 육질을 중시.**

냉장 국산(일본산) 돼지고기를 사용한다. 브랜드나 산지를 고집하지는 않으나, 많이 사용하는 것은 치바현산. "추구하는 것은 육질이 물론 좋고, 개성이 강하지 않은 돼지고기입니다. 육질에 관해선 엄격하게 보고 있고, 업자에게는 꽤 무리한 요구를 하고 있습니다.(웃음) 이런 방법이 통하는 것은, 40년간 거래로 쌓아온 신뢰관계가 있기 때문입니다. 매입은 매우 중요하니까요"라는 사토 씨. 다양한 브랜드의 돼지고기나 숙성돈 등도 시험해보았으나, 많은 사람이 부담 없이 먹을 수 있고, 또 품질을 안정시킬 목적에서 현재의 매입 스타일이 정착되었다. 또한 도축 직후는 고기가 경직되어 단단하므로 최소 3일이 지난 고기를 매입하고 있다.

**아사쿠사의 인기 빵집에서 특별 주문한
얇고 고운 빵가루.**

빵가루는 창업 이래 아사쿠사의 인기 빵집 페리칸에 특별 주문한다. 얇고 고운 생빵가루로, 가벼운 식감으로 완성되는 것이 특징이다. 적절히 조리하면 튀김색도 깔끔한 황금빛이 되고, 거칠거칠함 없는 고급스러운 외형이 된다. "베이스가 되는 빵의 맛이 너무 좋으면, 돈가스에는 알맞지 않다고 말할 수도 있겠지만, 페리칸에서는 스기타의 돈가스에 맞는 빵가루를 다양하게 연구해주고 있습니다"라는 사토 씨. 한편, 가루는 박력분을 사용한다. '가루→달걀물'의 공정을 2회 하는 것도 포인트로, 너무 두껍지도 너무 얇지도 않은 튀김옷을 입혀 고기의 감칠맛을 확실하게 가둔다.

**네덜란드산 양질의 라드,
고온과 저온의 냄비 두 개로 조리.**

창업 이래, 계속 사용해온 네덜란드산 카멜리아 브랜드의 라드. 라드만의 독특한 단맛과 고소한 향, 기름이 잘 빠진다는 장점이 매력이다. 이 특징을 최대한으로 살리기 위해, 기름은 기본적으로 매일 신선한 것으로 교체한다. 튀김 작업장에는 동냄비를 두 개를 배치하고, 한쪽은 160~170℃, 다른 한쪽은 120~130℃로 설정한다. 돈가스 메뉴는 등심, 안심 모두 있는데, 둘 다 이 두 개의 냄비를 활용해서 속까지 익히고 바삭하게 튀겨낸다. 반짝반짝하게 닦아놓은 동냄비는 이 가게의 상징이기도 해서, 매일 점심과 저녁 영업 후에 깨끗하게 세척한다. 청결한 가게 관리도 인기에 한몫하고 있다.

**소스는 수제 블렌드.
드레싱과 타르타르소스는 직접 제조.**

"고기도 기름도 재료가 좋기 때문에, 먼저 그냥 드셔보셨으면 하는 게 본심이지만, 손님들이 자유롭게 즐기시길 바랍니다"라는 사토 씨. 테이블에는 소금, 수제 블렌드한 돈가스 소스와 우스터소스, 리&페린 우스터소스를 준비해두었다. 달콤한 수제 블렌드는 스파이시한 리&페린과 차이가 있다. 또한 요리와 함께 제공되는 양배추용 드레싱과, 새우프라이에 곁들여지는 타르타르소스는 가게에서 직접 만든다. 갠 겨자도 겨잣가루를 가게에서 개어 준비하는 등 세세한 부분까지 수고를 아끼지 않는다.

돈가스 히레 160g

네덜란드산 라드의 풍미를 입혀, 튀김옷에 깔끔하게 색을 낸 히레가스.
고온과 저온의 기름을 왔다갔다 하여, 겉은 바삭하고 가볍게, 속은 촉촉하고 부드럽게, 육즙이 가득.
두껍지도 얇지도 않은 튀김옷과, 두툼한 고기의 밸런스도 포인트.

조리의 흐름

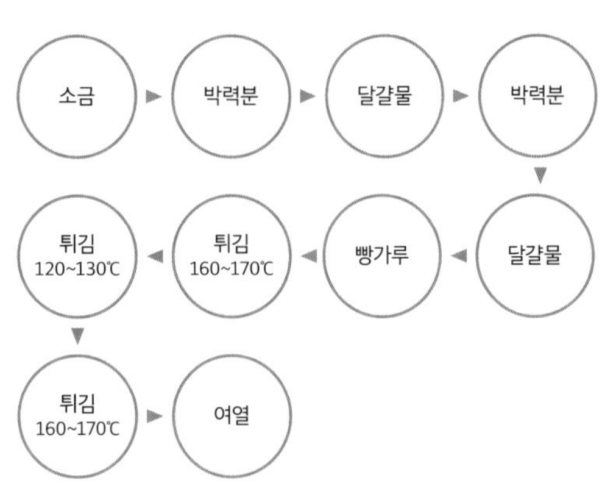

재료 (1접시분)

돼지고기 안심육(23쪽 참조) 1조각(160g)
소금 적량
박력분 적량
달걀물(곱게 푼 것) 적량
빵가루 적량
튀김기름(라드) 적량
곁들임: 채 썬 양배추, 갠 겨자

만드는 방법

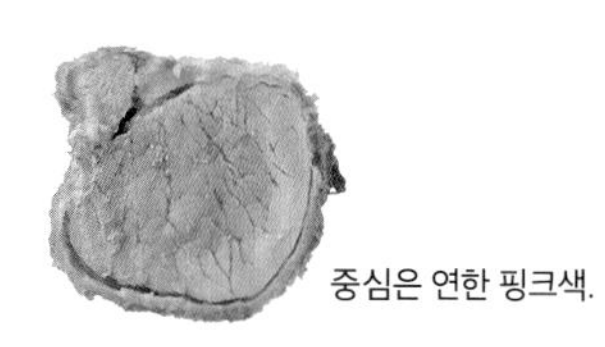
중심은 연한 핑크색.

❶ 안심육 전체에 소금을 뿌린다. 고기에 포크를 찔러 박력분을 묻히고, 여분의 가루를 떨어낸다.

❷ 곱게 풀어놓은 전란(달걀물)에 버무린다. 달걀물은 빈틈없이 골고루 묻힌다. ❹도 같은 요령으로.

❸ 다시 박력분을 묻히고 여분의 가루를 떨어낸다.

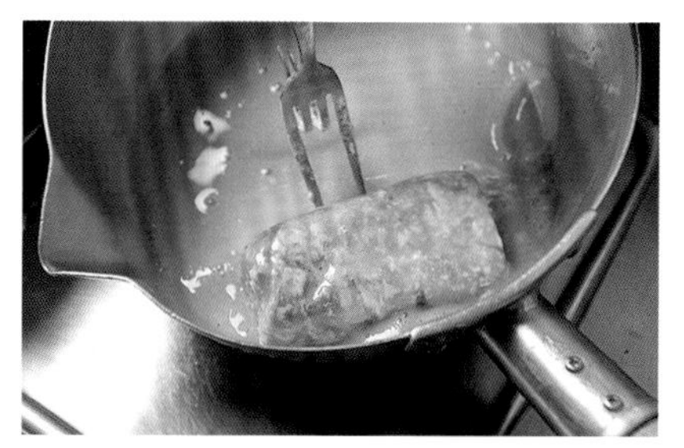
❹ 다시 달걀물에 버무린다.

❺ 빵가루를 빈틈없이 묻히되, 필요 이상으로 묻히지는 않는다.

❻ 160~170℃의 튀김기름에 넣고 1~2분 튀긴다. 튀김옷이 벗겨지기 쉬우므로 그사이에는 건드리지 말 것.

❼ 고기를 건지개로 건져올려 뒤집은 채로 120~130℃의 튀김기름으로 옮겨 15분 정도 튀긴다. 5분 정도 지나면 고기를 기울이는 등 조심스럽게 움직여주어 빈틈없이 익힌다.

❽ 건지개로 건져올려 다시 160~170℃의 튀김기름에 넣고 2~3분 튀긴다. 그사이에도 적절히 조심스럽게 움직여주면서 튀긴다.

❾ 튀김망을 깔아놓은 바트로 옮겨 휴지시키고, 기름을 빼는 동시에 여열로 익힌다. 이 과정은 3~5분. 잘라서 접시에 담는다.

조리의 포인트

1 힘줄, 막은 철저하게 제거

안심의 부드러운 육질을 최대한 강조하기 위해, 고기 주위에 붙은 막 등은 사전 밑처리 단계에서 철저하게 제거한다. 또한, 고기망치로 두드리는 일은 하지 않고, 안심 본래의 육질을 그대로 살린다.

2 밑간은 소금만

선대 때는 소금과 후추로 밑간을 했으나, "후추는 맛의 인상이 강하므로, 양질의 재료의 맛에 방해가 된다"(사토 씨)라는 생각에서, 지금은 후추를 사용하지 않고 소금만 뿌린다.

3 가루⋯달걀물은 두 번

"튀김옷은 너무 두꺼워도 너무 얇아도 금물"이라는 것이 사토 씨의 생각. 튀김옷에 적당한 두께를 주어 고기의 감칠맛을 가두기 위해서, 가루를 떨고 달걀물을 묻히는 작업을 두 번 한다. 곱게 간 빵가루가 전체에 빈틈없이 붙으면 OK. 듬뿍 묻히지는 않고, 가벼운 식감을 지향한다.

4 고온과 저온 냄비를 왕복

먼저 고온의 기름에서 튀겨 튀김옷을 굳히고 나서, 저온의 기름에서 천천히 익힌다. 완성 단계에 다시 고온의 냄비에 넣는 것은 "기름으로 기름을 뺀다"라는 선대의 생각에 근거를 둔 방법. "빵가루나 그 밑의 밀가루와 달걀층에 침투한 기름이 고온의 튀김기름으로 스며나와 가벼운 식감이 완성됩니다."(사토 씨)

돈가스 로스 160g

두툼하게 자른 등심육에 적당한 두께로 튀김옷을 묻혀 고기의 감칠맛을 꽉 잡아넣었다.
밑손질을 충실하게 하는 한편, 한 장을 160g으로 자른 후부터는 연육 작업 등을 하지 않고,
고기에 스트레스를 가하지 않는 것도 스기타의 방식이다.

조리의 흐름

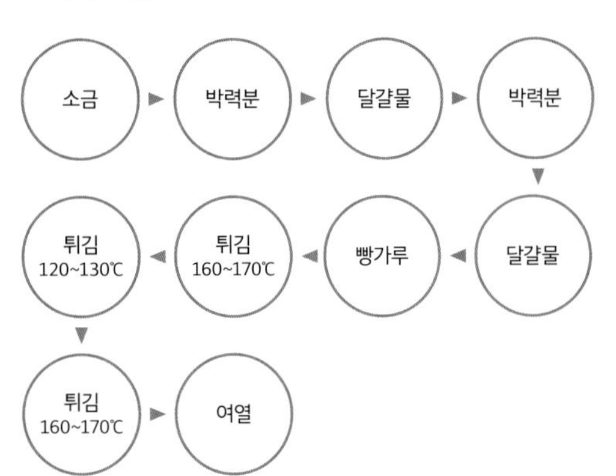

재료 (1접시분)

돼지고기 등심육(20쪽 참조) 1장(160g)
소금 적량
박력분 적량
전란(곱게 푼 것) 적량
빵가루 적량
튀김기름(라드) 적량
곁들임: 채 썬 양배추, 갠 겨자

만드는 방법

적당한 두께의 튀김옷으로 고기의 감칠맛을 가두었다.

❶ 등심육 전체에 소금을 뿌린다. 고기에 포크를 찔러 박력분을 묻히고 여분의 가루를 떨어낸다.

❷ 곱게 풀어둔 전란(달걀물)에 버무린다. 달걀물은 빈틈없이 골고루 묻힌다. ❹도 같은 요령으로.

❸ 다시 박력분을 묻히고 여분의 가루를 떨어낸다.

❹ 다시 달걀물에 버무린다.

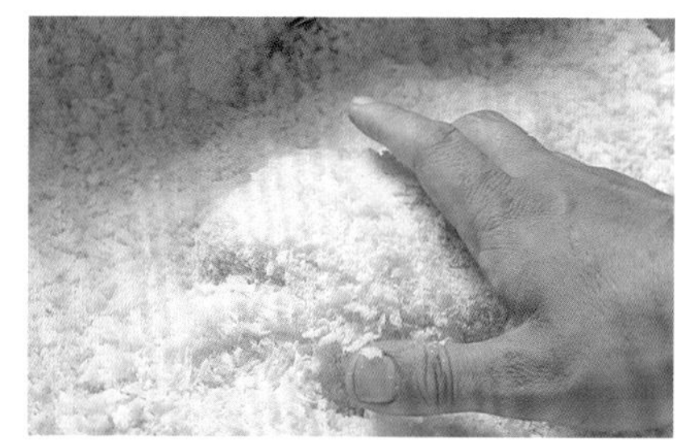
❺ 빵가루를 빈틈없이 묻히되, 필요 이상으로 묻히지는 않는다.

❻ 160~170℃의 튀김기름에 넣고 1~2분 튀긴다. 튀김옷이 벗겨지기 쉬우므로 그사이에는 건드리지 말 것.

❼ 고기를 건지개로 건져올려 뒤집은 채로 120~130℃의 튀김기름으로 옮겨 15분 정도 튀긴다. 5분 정도 지나면 고기를 기울이는 등 조심스럽게 움직여주어 빈틈없이 익힌다.

❽ 건지개로 건져올려 다시 160~170℃의 튀김기름에 넣고 2~3분 튀긴다. 그사이에도 적절히 조심스럽게 움직여 주면서 튀긴다.

❾ 튀김망을 깔아놓은 바트에 옮겨 휴지시키고, 기름을 빼는 동시에 여열로 익힌다. 이 과정은 3~5분. 잘라서 접시에 담는다.

조리의 포인트

1 연육은 굳이 하지 않는다

고기에 될 수 있는 한 스트레스를 가하지 않고, 또한 감칠맛의 유출을 막기 위해 연육 작업은 굳이 하지 않는다. 같은 관점에서, 고기망치로 두드리지 않고 잘라낸 상태 그대로 사용한다. 단, 불필요한 근막과 지방육은 밑손질 단계에서 꼼꼼하게 제거한다.

2 밑간은 소금만

선대 때는 소금과 후추로 밑간을 했으나, "후추는 맛의 인상이 강하므로, 양질의 재료의 맛에 방해가 된다"(사토 씨)라는 생각에서, 지금은 후추를 사용하지 않고 소금만 뿌린다.

3 가루→달걀물은 두 번

"튀김옷은 너무 두꺼워도 너무 얇아도 금물"이라는 것이 사토 씨의 생각. 튀김옷에 적당한 두께를 주어 고기의 감칠맛을 가두기 위해서, 가루를 떨고 달걀물을 묻히는 작업을 두 번 한다. 곱게 간 빵가루가 전체에 빈틈없이 붙으면 OK. 듬뿍 묻히지는 않고, 가벼운 식감을 지향한다.

4 고온과 저온 냄비를 왕복

먼저 고온의 기름에서 튀겨 튀김옷을 굳히고 나서, 저온의 기름에서 천천히 익힌다. 완성 단계에 다시 고온의 냄비에 넣는 것은 "기름으로 기름을 뺀다"라는 선대의 생각에 근거를 둔 방법. "빵가루나 그 밑의 밀가루와 달걀층에 침투한 기름이 고온의 튀김기름으로 스며나와 가벼운 식감이 완성됩니다."(사토 씨)

새우프라이

탱탱한 새우의 식감을 충분히 만족시키는 스기타의 새우프라이.
길이 20cm 정도의 커다란 다이쇼大正새우를, 대가리를 떼어내고 바삭하게 튀겼다.
한입 크기로 잘라 제공할 수 있는 것도 커다란 새우이기에 가능.

조리의 흐름

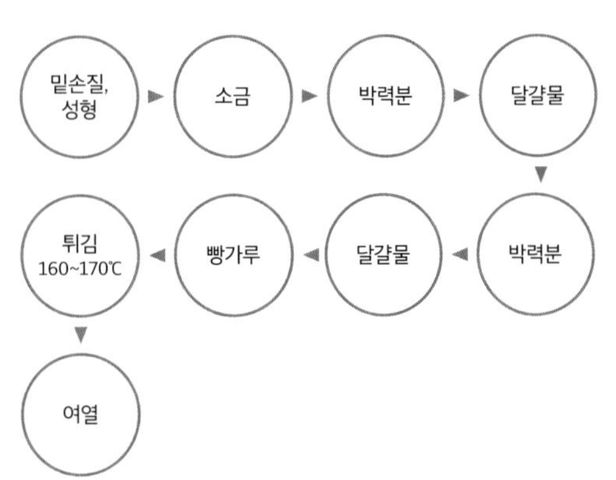

재료 (1접시분)

다이쇼새우 1마리(속살 약 130g)
소금 적량
박력분 적량
전란(곱게 푼 것) 적량
빵가루 적량
튀김기름(라드) 적량
곁들임: 채 썬 양배추, 타르타르소스, 갠 겨자

만드는 방법

잘 먹었다는 만족감이 듬뿍 드는 살의 두께.

❶ 다이쇼새우는 대가리를 떼어내고 껍질을 벗겨, 배쪽에 여섯 군데 정도 칼집을 넣는다.

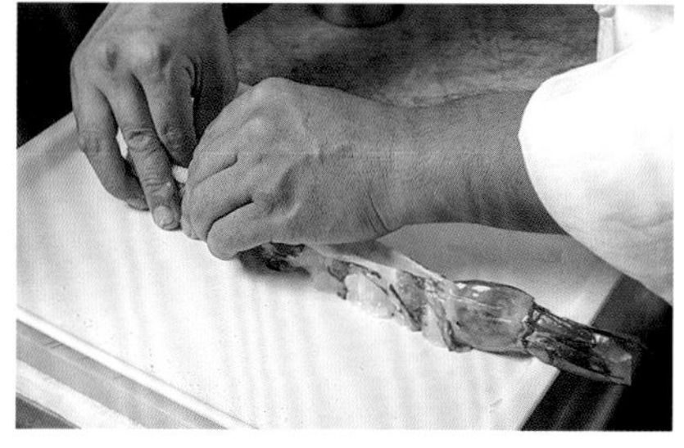
❷ 등을 따라 일직선으로 칼집을 넣고, 등내장을 제거하고 똑바로 펴지도록 형태를 잡는다.

❸ 새우 전체에 소금을 뿌린다. 꼬리를 잡고 살에 박력분을 묻힌 뒤 여분의 가루를 떨어낸다. 돈가스의 경우에는 빈틈없이 가루를 묻히는 것이 철칙이나, 새우에는 가루를 묻힐 때 다소 빈틈이 있어도 OK.

❹ 곱게 풀어둔 전란(달걀물)에 버무린다. 달걀물은 빈틈없이 골고루 묻힌다. ❻도 같은 요령으로.

❺ 다시 박력분을 묻히고 여분의 가루를 떨어낸다.

❻ 다시 달걀물에 버무린다.

❼ 빵가루를 빈틈없이 묻히되, 필요 이상으로는 묻히지는 않는다.

❽ 160~170℃의 튀김기름에 넣고 5분 정도 튀긴다. 튀김옷이 굳어 어느 정도 익었다면, 부드럽게 튀김을 굴려 빈틈없이 익힌다.

❾ 튀김망을 깔아놓은 바트에 옮겨 휴지시키고, 기름을 빼는 동시에 여열로 익힌다. 이 과정은 3분 정도. 잘라서 접시에 담는다.

조리의 포인트

1 새우의 대가리는 떼어낸다

돈가스집에서 튀김기름은 매우 중요한 재료 중의 하나. 지저분해진 기름은 적정선에서 교체하지만, 사용 중인 기름도 가능한 한 좋은 상태로 유지하도록 해야 한다. 새우는 대가리를 떼어낸 후에 튀기는 것도 그런 이유로, 대가리째 튀기면 기름이 지저분해지기 쉽다.

2 밑간은 소금만

선대 때는 소금과 후추로 밑간을 했으나, "후추는 맛의 인상이 강하므로, 양질의 재료의 맛에 방해가 된다"(사토 씨)라는 생각에서, 지금은 후추를 사용하지 않고 소금만 뿌린다.

3 고온에서 단숨에 튀긴다

새우는 저온에서 오래 익히게 되면, 살이 탱탱한 상태로 완성하기 어렵다. 그래서 고온에서 단숨에 튀겨야 하지만, 여기서는 살이 두꺼운 새우를 사용하기 때문에 새우를 튀기는 도중에 적당히 굴려주어 빈틈없이 익히고, 빵가루에 알맞게 색이 나면 바트에 옮겨 여열로 완성시킨다.

메뉴 (발췌)

기리시마(가고시마현) **흑돼지/**
설실숙성돈雪室熟成豚**/황맥돈**煌麦豚
로스가스(140g) 정식 2,580엔
상 로스가스(190g) 정식 3,350엔
특 로스가스(200g) 정식 3,680엔
히레가스(100g) 정식 2,580엔
샤돈브리앙가스 2개(135g) 정식 3,350엔
샤돈브리앙가스 3개(200g) 정식 4,150엔
히레가스 단품 1장(35g) 720엔

도쿄TOKYO X
로스가스(140g) 정식 3,200엔
상 로스가스(190g) 정식 4,200엔
특 로스가스(200g) 정식 4,600엔
히레가스(100g) 정식 3,200엔
샤돈브리앙가스 2개(135g) 정식 4,200엔
샤돈브리앙가스 3개(200g) 정식 5,200엔
히레가스 단품 1장(35g) 950엔

밀푀유가스
밀푀유가스 정식 1,980엔
치즈밀푀유가스 정식 2,080엔
특 밀푀유가스 2개(120g) 2,480엔
특 밀푀유가스 3개(180g) 3,200엔

수제 멘치가스(55g) 550엔
새우프라이 680엔

나리쿠라

도쿄 다카다노바바

다카다노바바는 도쿄를 대표하는 학생가이나, 최근 몇 년간 '돈가스 격전구'로서도 주목받고 있다. 2010년에 개업한 나리쿠라는 이 지역의 돈가스 붐을 견인한 가게 중 하나로, 연일 줄을 서는 인기 있는 곳이다. 새하얀 모습과 엄청나게 부드러운 식감 등 나리쿠라의 돈가스는 '초超'라는 수식어가 붙을 정도의 개성파. 신바시에 위치한 '엔라쿠燕楽'에서 수업을 받은 점주 미타니 세이조 씨는, 돈가스 업계에 새 바람을 일으키고 있다.

[나리쿠라]의
돈가스 생각

생김새와 맛이 주는 첫번째 인상이 승부의 고비.
'튀김옷의 차이'로 돈가스의 새 시대를 개척한다.

'하얗다' 또는 '부드럽다'라고 묘사된 돈가스는 이전부터 있었을 것이다. 그러나 나리쿠라 돈가스의 하얗고 부드러움은 다른 곳에서 볼 수 없는 수준이라고 말해도 과언이 아니다. "일을 배우던 시절에 돈가스에 '부드러움'을 요구하는 손님이 상당히 많다고 느꼈습니다. 그래서 생김새로도 일반적인 돈가스와는 다르다는 걸 어필해야겠다고 생각했습니다"라고 점주인 미타니 세이조 씨는 말한다.

부드러움과 개성 있는 생김새. 이 두 가지를 철저하게 추구한 미타니 씨가 고안해낸 것이 저온의 라드에서 천천히 익힌 후, 고기를 휴지시키면서 여열로 완성하는 조리법이다. 이 중에서도 독특한 점이 온도의 설정인데, 두꺼운 고기는 110℃, 비교적 얇은 고기라도 130℃ 정도로 튀기기 시작한다. 저온이기 때문에 냄비에 고기를 투입해도 조용하며, 탁탁 하고 튀는 소리는 거의 들리지 않는다.

나리쿠라만의 돈가스를 만들어내기 위해서는 이 조리법에 더해 다른 아이템의 존재가 열쇠가 된다. 잘 타지 않고, 쉬이 단단해지지 않으며, 당분이 적은 생빵가루. 이 빵가루와 독자적인 조리법이 합쳐진 기술로써 빵가루는 하얗게 유지되고, 고기는 부드럽고 육즙 가득하게 속까지 익어 완성되는 것이다.

또한 이 빵가루는 하얗게 보이게 만드는 역할 외에도 빵가루를 포함한 튀김옷 전체의 식감에 개성을 표현해낸다. 다 튀겨지면 빵가루가 꼿꼿이 서 있고, 한입 베어물면 바삭한 튀김다운 식감이 있다. 그러나 절대 딱딱하지 않고 입속에서 바로 녹아내려 곧바로 부드러운 고기가 찾아오는 것이다. 여기에도 점주의 명확한 의도가 있다.

"고기가 맛있는 것은 이미 당연한 시대예요. 다음 차별화의 포인트는 튀김옷입니다. 요리는 생김새는 물론 먹었을 때 첫인상이 매우 중요하기에, 튀김옷을 연구·개발함으로써 돈가스의 인상이 크게 변할 수 있다고 생각했습니다."

단 하나뿐인 돈가스가 지닌 호소력은 굉장해서 지금은 등심 14줄, 안심은 50줄을 이틀에 소진할 정도로 바빠졌으나, "개업 직후부터 이렇게 북적였던 것은 아닙니다. 레시피도 상품 구성도 지금과는 다른 부분이 있었습니다. 저녁에는 구시아게(꼬치튀김)을 제공했던 시절도 있었어요"라는 미타니 씨. 틈나는 시간에 연구를 거듭하여 돈가스 기술을 한층 더 갈고 닦는 것에 주력한 결과, 개업 후 3년이 경과하는 시점부터 가게가 궤도에 오르기 시작했다. 업계에 새로운 바람을 불러일으킨 나리쿠라의 돈가스는 장인의 끊임없는 노력에 의해 탄생한, 새로운 발상과 기술의 결과물이다.

[나리쿠라成蔵]
東京都新宿区高田馬場
1-32-11 小澤ビルB1*
03-6380-3823
* 2019년 봄에 아래 주소로 이전했다.
東京都杉並区成田東4-33-9

❶ JR, 지하철 다카다노바바 역에서 도보로 3분 정도의 거리에 위치. ❷ 점포는 빌딩 지하 1층으로, 흰색을 바탕으로 한 산뜻하고 쾌적한 디자인이다. ❸ 객석은 오픈키친을 마주하고 있는 카운터석과 테이블석으로 구성. ❹ 벽에 있는 새 일러스트가 인테리어의 액센트.

'돈가스에 적당한' 브랜드 돼지고기를 항시 3~4종류 라인업.

'설실숙성돈' '황맥돈' '기리시마 흑돼지' 'TOKYO X' 등 상시 3~4종류의 브랜드 돼지고기를 준비해둔다. 고기의 상태를 매일 확인하고, 품질을 우선하여 적정하게 라인업을 바꾸고 있다. '다른 브랜드 돼지고기도 먹어보고 싶다'라는 손님의 요구를 계기로, 미타니 씨가 직접 박람회를 다니는 등 정보 수집에 힘을 써 "돈가스에 알맞은 돼지고기"라는 대전제로, 취급하는 고기의 종류를 점차적으로 늘렸다고 한다. "열을 가하면 질겨지는 것이나, 퍽퍽해지기 쉬운 것, 거칠거칠한 식감의 돼지고기는 피하고 있습니다. 이른바 '물돼지'도 물론 안 되죠. 저온에서 튀기는 돈가스의 경우에는 더욱더 맞지 않습니다"라는 미타니 씨.

잘 타지 않고, 쉬이 단단해지지 않는, 당분이 적은 생빵가루.

가루는 중력분을 선택. "일을 배우던 시절부터 사용해서 익숙하다는 점과, 제가 다루기 쉽다는 점이 이유입니다"라는 미타니 씨. 빵가루는 당분이 일반적인 빵가루와 비교해 1/3~1/2 정도 적고, 그렇기 때문에 잘 타지 않고, 쉬이 잘 단단해지지 않는 것이 특징이다. "이 빵가루의 성질에 저온에서 튀긴다는 기법을 접합시켜 하얀 돈가스가 탄생했습니다. 또, 돈가스에서 자주 볼 수 있는, 입천장에 찔릴 듯한 단단함은 전혀 없고, 한입 베어물면 바삭하게 느껴지는데, 그 직후에 바로 녹아버립니다. 우리 가게 돈가스의 독특한 식감은 이 빵가루에 있습니다."

여열이 지속되는 것도 라드의 매력. 하얀색을 두드러지게 해주는 효과도.

등의 지방육이 아닌 장간막의 지방육을 원료로 한 라드를 사용한다. "바삭하게 튀겨지고 잘 식지 않아서 여열도 오래갑니다. 게다가 동물성기름만의 풍미도 더해지고 기름기도 잘 빠지는 것이 라드의 매력입니다"라는 미타니 씨. 또한 식물성기름에 튀기면 광택이 생겨 번들번들한 인상을 줄 수 있으나, 라드를 사용하면 광택 없는 질감으로 튀겨져 이 가게 돈가스의 특징 중 하나인 '하얀색'이 한층 더 돋보인다고 한다. 또한 "온도 조절이 편하고, 용량이 큰 프라이어에 비해 한 번에 들어가는 기름의 양이 적기 때문에, 기름이 지저분해지면 아끼지 않고 교체한다"는 생각으로 얕은 동냄비를 사용한다.

제공
방법

처음 한입은 아무것도 찍지 않고, 등심과 안심은 암염에 찍어먹는 걸 추천.

돈가스 접시에는 기본적으로 양배추만 곁들이는 심플 타입. 그 대신 정식에는 입가심으로 오신코와 고바치가 함께 제공된다. 테이블에는 은은한 단맛이 있는 암염과 돈가스 소스, 양배추에 사용하는 드레싱을 준비해두었다. 돈가스 소스는 "단맛과 신맛의 밸런스가 좋고, 느끼하지 않은" 토마토 베이스의 소스를 선택했다. 돈가스는 그냥 먹어보는 것 이외에, 브랜드 돼지고기의 개성 있는 맛을 즐길 수 있는 등심과 안심에는 암염을, 밀푀유가스에는 함께 내오는 스위트칠리소스 또는 돈가스 소스를 권한다. 소스류는 고기의 단면에 뿌리는 것이 이 가게의 추천 방식이다.

설실숙성돈 로스가스 250g

눈으로 만든 저장고(설실雪室)에서 숙성시켰다는 니가타의 브랜드 돼지고기는
진한 감칠맛과 연하고 촉촉한 식감이 특징. 이 등심육을 두께 2.5cm, 250g으로 잘라낸,
항상 판매하지는 않는 특별 메뉴. 저온에서 천천히 익혀 본연의 맛을 이끌어냈다.

조리의 흐름

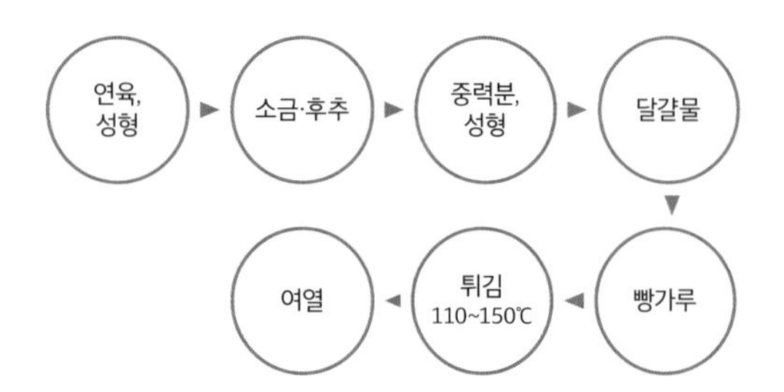

재료 (1접시분)

돼지고기 등심육(28쪽 참조) 1장(250g)
소금·흰후추 각적량
중력분 적량
전란(곱게 푼 것) 적량
빵가루 적량
튀김기름(라드) 적량
곁들임: 채 썬 양배추

만드는 방법

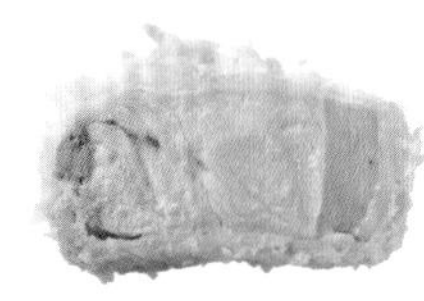
튀김옷의 하얀색과
고기의 투명감이 눈에 띈다.

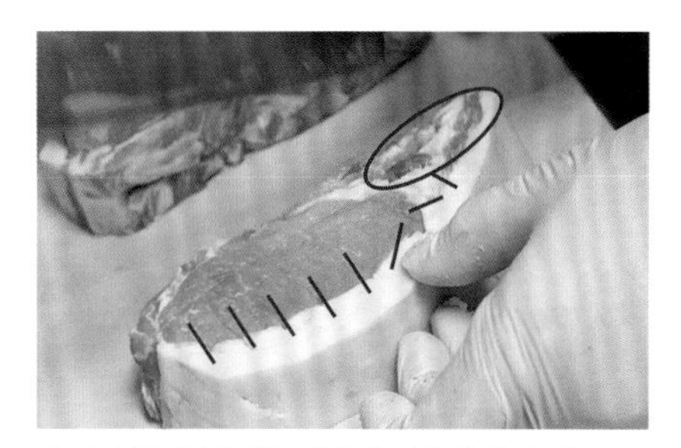

❶ 등심육은 칼턱을 사용해 연육한다. 특히 지방육이 깊숙이 박혀 있는 부분(검은 테두리)은 꼼꼼하게 힘줄을 끊어준다. 연육은 양쪽 면 모두 한다.

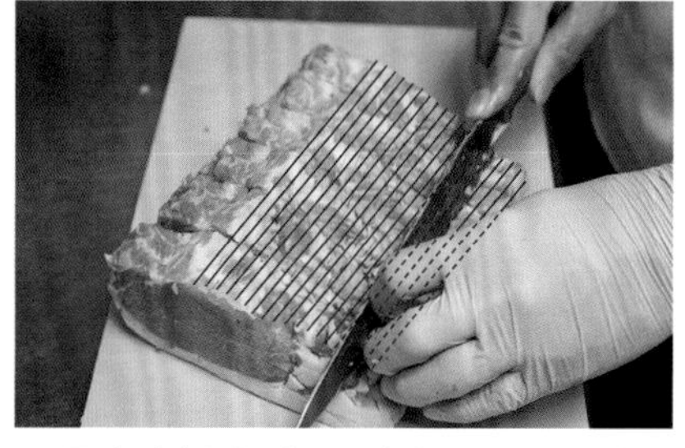

❷ 등의 지방육을 밑으로 가게 고기를 세워서 늘어놓고, 윗면(갈빗대쪽)에 촘촘하고 얕은 칼집을 넣는다. 사진은 한번에 여러 장의 고기에 칼집을 넣는 모습.

❸ 한쪽 면에 소금과 흰후추를 뿌린다.

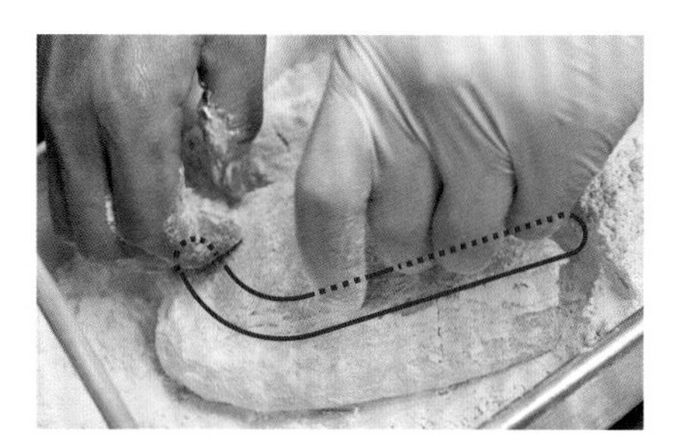

❹ 소금과 흰후추를 뿌린 면을 밑으로 가게 해서 바트에 넣고 가루를 묻힌다. 등의 지방육과 살코기가 접해 있는 힘줄 부분(검은 테두리)을 손가락으로 내리눌러, 힘줄을 뭉갠다. 반대쪽 면도 같은 요령으로.

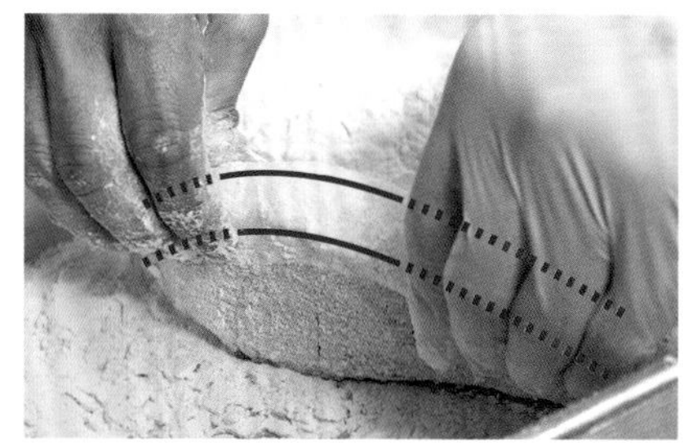

❺ 등의 지방육(검은 테두리)을 위로 향하게 고기를 세우고, 끝에서부터 끝까지 손가락으로 각진 부분을 둥그렇게 만든다. 손으로 두드려 여분의 가루를 떨어낸다.

❻ 곱게 푼 전란(달걀물)에 버무린 뒤 젓가락으로 들어올려 여분의 달걀물을 떨어낸다.

❼ 빵가루를 듬뿍 묻혀 바트로 옮긴다.

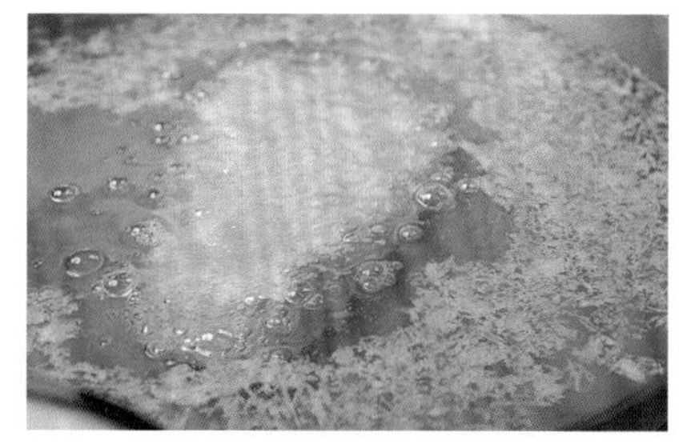

❽ 110℃의 튀김기름에 넣고, 조금씩 온도를 올려가면서 20분 정도 튀긴다.
다 튀겨졌을 때의 기름의 온도는 150℃를 목표로 한다. 그사이에 튀김옷이 굳는 타이밍에 맞추어 단 한 번만 천천히 뒤집는다.

❾ 튀김망을 깔아놓은 바트에 놓고 휴지시켜, 기름을 빼는 동시에 여열로 익힌다. 이 과정은 3~4분. 잘라서 접시에 담는다.

조리의 포인트

1 꼼꼼한 연육과 잔 칼집

지방육이 박혀 있는 부분은 힘줄이 많기 때문에, 확실하게 연육한다. 어느 정도의 두께까지는 칼끝으로 연육을 하나, 더 두꺼운 고기는 칼턱을 사용하면 편하다. 또, 두툼한 고기는 연하게 만들려면, 또 고루 익을 수 있도록 갈빗대쪽 면에 촘촘하게 잔 칼집을 넣는다.

2 힘줄을 풀어주고, 지방육을 집어준다

두툼한 고기는 그만큼 힘줄이 단단하게 박혀 있기 때문에, 연육만 해주는 것이 아니라, 등의 지방육과 살코기 사이를 손가락으로 내리눌러 힘줄을 뭉갠다.
또 지방육이 각져 있으면 그 부분에는 가루가 잘 묻어나지 않으므로 각진 부분을 손가락으로 집어 둥그스름하게 모양을 잡는다.

3 저온 + 여열로 천천히

살코기에도 지방육에도 골고루 열을 가하면서 동시에 부드럽게 익히기 위해, 저온의 튀김기름에서 천천히 튀겨 80% 익히고 여열로 완성한다. 기름의 온도는 110℃에서부터 시작하여 서서히 올려간다.
이곳만의 옅은 튀김색을 내기 위한 방법이기도 하다.

4 무게로 익었는지를 확인한다

여열로 인한 익힘이 어느 정도까지 진행되었는지는 젓가락으로 돈가스를 들어올려 판단한다. 충분히 익지 않았으면 돈가스 중심부분에서 무게감이 느껴지고, 골고루 익은 것은 그 무게감이 느껴지지 않는다고 한다.

황맥돈 로스가스 140g

살결이 촘촘하고 촉촉한 살코기와 냄새 없는 담백한 지방육을 지닌, 맛의 밸런스가 좋은 니가타의 브랜드 돼지고기를 사용. 등심의 중심에서부터 허리쪽 부분을 140g 잘라내어, 폭신폭신하고 가벼운 겉모습의 '하얀 돈가스'로 완성했다.

조리의 흐름

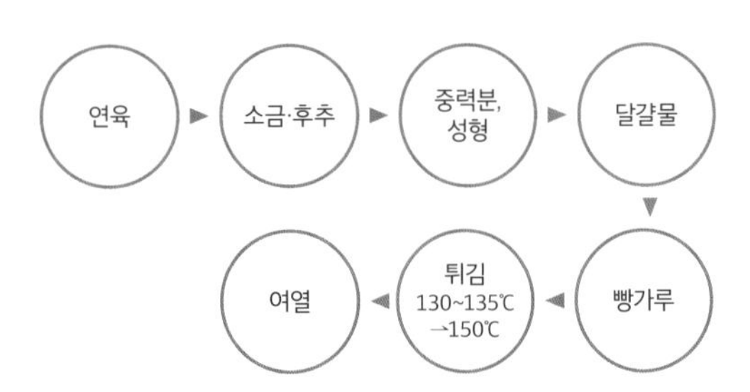

재료 (1접시분)

돼지고기 등심육(28쪽 참조) 1장(250g)
소금, 흰후추 적량
중력분 적량
전란(곱게 푼 것) 적량
빵가루 적량
튀김기름(라드) 적량
곁들임: 채 썬 양배추

만드는 방법

튀김옷은 하얗고, 폭신폭신,
고기는 촉촉.

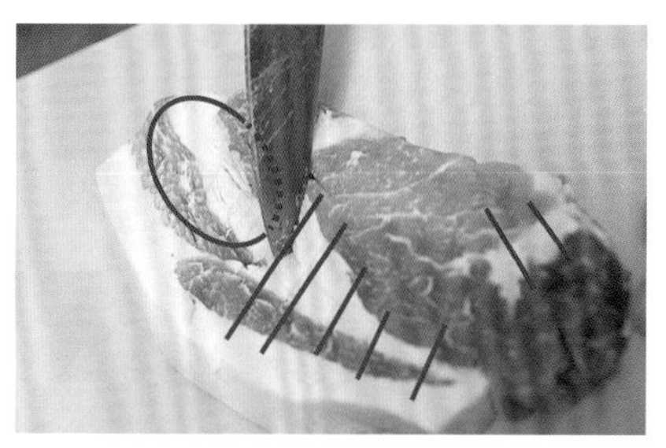

❶ 돼지 등심육은 칼끝을 사용해 힘줄을 연육한다. 특히 지방육이 박혀 있는 부분(검은색 테두리)은 꼼꼼하게 힘줄을 끊어준다. 연육은 양쪽 면 모두 한다.

❷ 한쪽 면에 소금과 흰후추를 뿌린다.

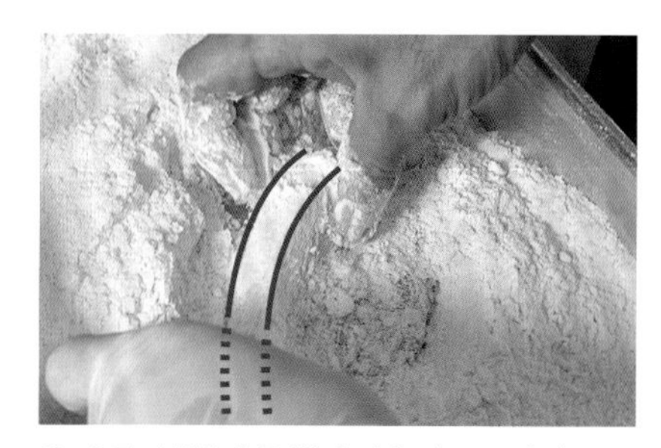

❸ 소금과 흰후추를 뿌린 면을 밑으로 하여 중력분이 들어 있는 바트에 넣고, 전체에 가루를 묻힌다.

❹ 등의 지방육(❸에서 검은 테두리)을 위로 향하게 고기를 세우고, 끝에서부터 끝까지 손가락으로 집어 각진 부분을 둥그렇게 만든다. 손으로 두드려 여분의 가루를 떨어낸다.

❺ 곱게 푼 전란(달걀물)에 버무린 뒤 젓가락으로 들어올려 여분의 달걀물을 떨어낸다.

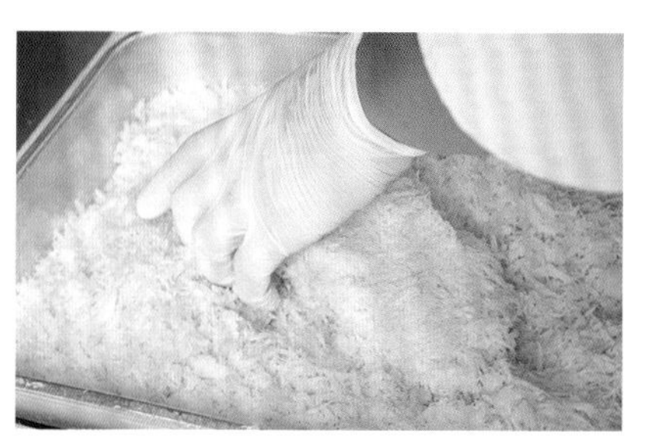

❻ 빵가루를 듬뿍 묻혀 바트로 옮긴다.

❼ 130~135℃의 튀김기름에 넣고, 점차적으로 온도를 올려가면서 5~6분 튀긴다.

❽ 다 튀겨졌을 때의 기름의 온도는 150℃를 목표로 한다. 그사이에 튀김옷이 굳는 타이밍에 맞추어 단 한 번만 천천히 뒤집는다.

❾ 튀김망을 깔아놓은 바트에 놓고 휴지시켜, 기름을 빼는 동시에 여열로 익힌다. 이 과정은 3~4분. 잘라서 접시에 담는다.

조리의 포인트

1 지방육을 집어주어 각을 없앤다

지방육이 각져 있으면 그 부분에는 가루가 잘 묻어나지 않으므로 지방육의 각을 손가락으로 집어 둥그스름하게 모양을 잡는다.

2 130℃ 이상에서 튀기기 시작한다

로스가스 140g은 110℃에서 튀기는 로스가스 250g의 절반 정도의 두께이기 때문에, 130~135℃라는 비교적 높은 온도에서부터 시작한다. 또한 250g보다 튀기는 시간도, 여열로 익히는 시간도 짧게.

샤돈브리앙가스 200g

안심 중에서 특히 육질이 좋다고 하는 중앙부분의 고기를, 소고기의 샤토브리앙을 본떠 '샤돈豚브리앙'이라 이름 지었다. 이 부위를 약 65g 한 조각으로 잘라내어, 고기의 두께가 느껴지는 둥근 모양으로 성형한 뒤 저온에서 튀겨냈다. 아주 부드럽고, 안심인데도 육즙이 가득하다.

조리의 흐름

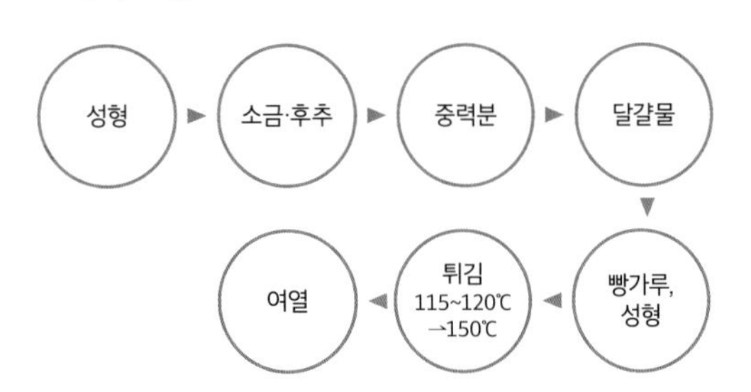

재료 (1접시분)

돼지고기 안심육(29쪽) 3조각(1조각 약 65g)
소금·흰후추 각적량
중력분 적량
전란(곱게 푼 것) 적량
빵가루 적량
튀김기름(라드) 적량
곁들임: 채 썬 양배추

만드는 방법

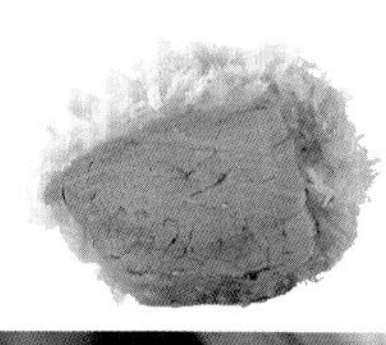

두께를 느낄 수 있는 둥근 형태,
속은 핑크색.

❶ 안심육을 약 65g씩 자른다. 이것을 3조각 사용한다.

❷ 한쪽 면에 소금과 흰후추를 뿌린다.

❸ 소금과 흰후추를 뿌린 면을 밑으로 가게 하여 중력분이 들어 있는 바트에 넣고, 전체에 가루를 묻힌다. 손으로 털어 여분의 가루를 떨어낸다.

❹ 곱게 푼 전란(달걀물)에 버무린 뒤 젓가락으로 들어올려 여분의 달걀물을 떨어낸다.

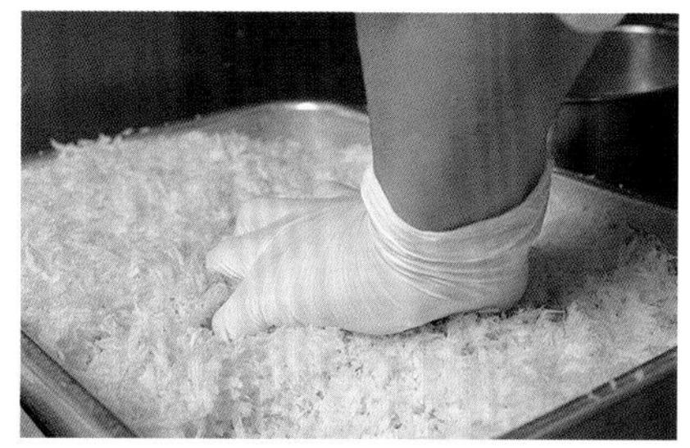

❺ 고기의 단면이 위아래로 향하게 하여 빵가루가 들어 있는 바트에 넣고, 빵가루를 듬뿍 묻힌다. 손바닥으로 위를 꾹 눌러, 적당히 납작하게 만든다.

❻ 다른 바트로 옮겨, 찌부러뜨린 고기 주위에 손가락을 대고 집어올리듯 하여 높이가 생기도록 형태를 만든다.

❼ 115~120℃의 튀김기름에 넣고, 점차적으로 온도를 높여가면서 10분 정도 튀긴다. 다 튀겨졌을 때의 기름의 온도는 150℃를 목표로 한다. 그사이에 튀김옷이 굳는 타이밍에 맞추어 단 한 번만 천천히 뒤집는다.

❽ 튀김망을 깔아놓은 바트에 놓고 휴지시켜, 기름을 빼는 동시에 여열로 익힌다. 이 과정은 4~5분.

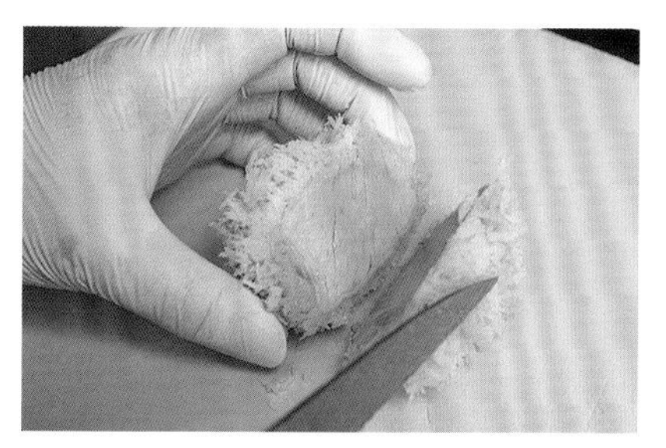

❾ 잘라서 또는 그대로 접시에 담는다.

조리의 포인트

1 납작하게 눌러 부드러움을 높인다

빵가루를 묻히는 단계에서, 손바닥으로 고기를 눌러준다. 섬유결을 끊어 고기를 부드럽게 하는 동시에, 빵가루를 확실하게 밀착시키는 것이 목적. 이때, 단면이 위아래가 되게 고기를 놓고 눌러야 쉽게 찌부러진다.

2 저온 + 여열로 천천히

고기에 골고루 열을 가하면서 동시에 부드럽게 익히기 위해, 저온의 튀김기름에서 천천히 튀겨 80% 익히고, 여열로 완성한다. 기름의 온도는 115~120℃부터 시작하여 서서히 올려간다. 이곳만의 옅은 튀김색을 내기 위한 방법이기도 하다.

3 기름의 상태를 의식한다

튀김색이 옅은 '하얀 돈가스'가 이 가게의 스타일. 튀김기름이 산화되어 있으면 빵가루에 색이 들어버릴 수 있으므로 기름은 자주 교체해준다. 기름의 산화가 조금 진행되어 있는 경우에는 온도 상승의 속도를 늦추고 더 오래 튀기면, 빵가루에 진한 색이 나는 것을 방지할 수 있다.

4 무게로 익었는지를 확인한다

여열에 의한 익힘이 어느 정도까지 진행되었는지는 젓가락으로 돈가스를 들어올려 판단한다. 충분히 익지 않았으면 돈가스 중심부분에서 무게감이 느껴지고, 골고루 익은 것은 그 무게감이 느껴지지 않는다고 한다.

밀푀유가스

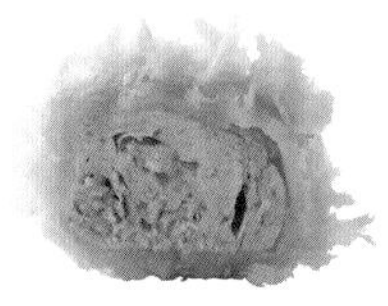

튀김옷으로 가둔 풍부한 육즙.

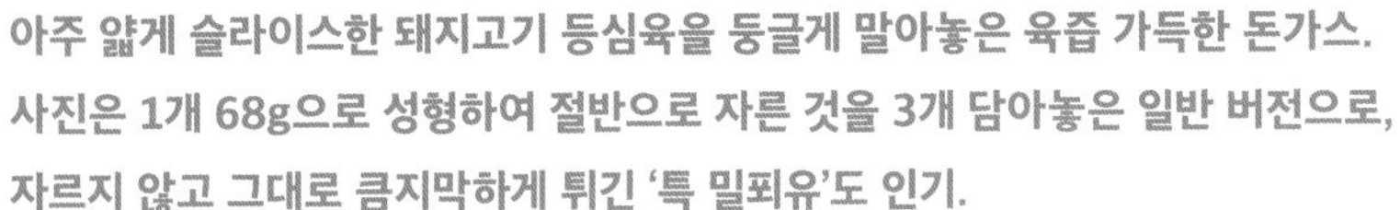

아주 얇게 슬라이스한 돼지고기 등심육을 둥글게 말아놓은 육즙 가득한 돈가스. 사진은 1개 68g으로 성형하여 절반으로 자른 것을 3개 담아놓은 일반 버전으로, 자르지 않고 그대로 큼지막하게 튀긴 '특 밀푀유'도 인기.

재료 (1접시분)

돼지고기 등심육 적량(성형 후 1개 34g)
소금, 흰후추 적량
중력분 적량
전란(곱게 푼 것) 적량
빵가루 적량
튀김기름(라드) 적량
곁들임: 채 썬 양배추, 스위트칠리소스

조리의 흐름

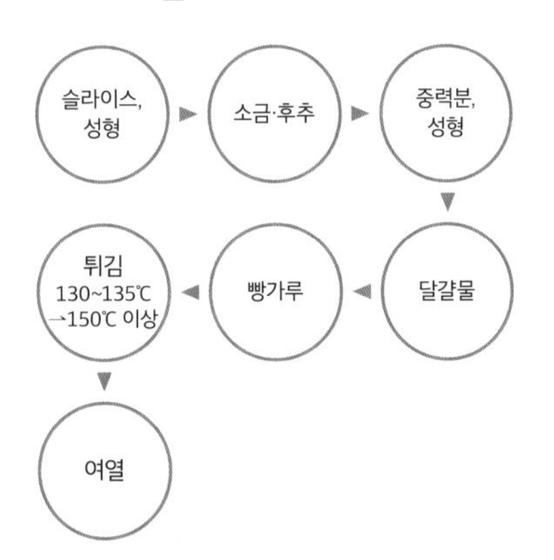

조리의 포인트

1 빈틈을 만들지 않는다

여러 장의 얇은 슬라이스 고기를 한 덩어리로 만들 때는 빈틈이 생기지 않도록 단단하게 말아, 고기와 고기를 확실하게 밀착시킨다.

2 깨기지 전에 튀김을 끝낸다

얇게 자른 고기는 수분이 빠지기 쉽고, 튀김옷의 묻은 정도에 따라 부서지기도 하여 육즙이 흘러나와버리므로, 단시간에 익혀서 튀김옷이 부서지기 전에 튀김을 끝낸다.

만드는 방법

❶ 등심육을 슬라이서로 아주 얇게 자른다. 자른 고기 여러 장을 말거나 접거나 하여 개당 약 68g의 원통형으로 만든다.

❷ ❶을 절반으로 자른다. 이 중에서 3개를 사용한다.

❸ 고기의 단면에 소금과 흰후추를 뿌린다.

❹ 중력분을 묻히고 여분의 가루를 떨어내면서 다시 형태를 잡아 원통형으로 만든다.

❺ 곱게 푼 전란(달걀물)에 버무린 뒤 들어올려 여분의 달걀물을 떨어낸다.

❻ 빵가루를 듬뿍 묻혀 바트로 옮긴다.

❼ 130~135℃의 튀김기름에 넣고, 점차적으로 온도를 올려가면서 5~6분 튀긴다. 다 튀겨졌을 때의 온도는 150℃를 목표로 한다. 그사이에 튀김옷이 굳는 타이밍에 맞추어 단 한 번만 천천히 뒤집는다.

❽ 튀김망을 깔아놓은 바트에 놓고 휴지시켜 기름을 빼는 동시에 여열로 익힌다. 이 과정은 1~2분. 잘라서 접시에 담는다.

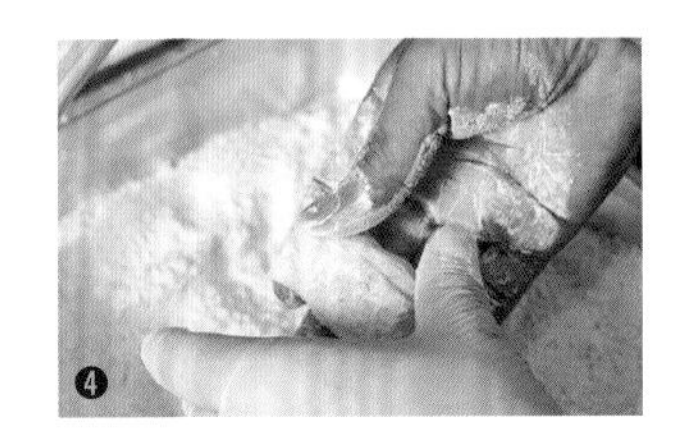

돈가스 장인의 도구

자신이 꿈꾸는 돈가스를 만들기 위해서는, 돼지고기는 물론 튀김옷과 튀김기름, 조미료 등의 재료 선택이 중요하다. 거기에 더해 조리하기 위한 도구에도 장인 각각의 고집과 철학이 있다.

스기타의 동냄비

객석에서 카운터 너머로 보이는 반짝반짝 광을 낸 두 개의 동냄비. 영업 중에는 각각에 양질의 라드를 넣어 한쪽은 160~170℃, 다른 한쪽은 120~130℃로 조절하여 풀가동한다. 점심과 저녁의 영업 후에 그때마다 정성들여 씻어 광택을 유지하고 있다. 동은 일반적으로 열전도성이 우수한 소재로 알려져 있어 재료에 골고루 열을 전달하는 것이 가능하다.

폰타혼케의 스테인리스냄비

"본점에서는 기름의 온도를 미세하게 조절하면서 조리합니다. 그래서 저한테 스테인리스냄비가 사용하기 쉽습니다"라는 점주 시마다 씨. 일반적으로 열을 모아두는 성질이 우수한 스테인리스냄비를 가게에서 직접 만든 신선한 라드로 채워 가스레쓰는 120~130℃에 재료를 투입한다. 화력을 미세하게 조절하여 160℃까지 서서히 온도를 올려가면서 튀긴다.

폰치켄의 돈가스 전용 칼

폰치켄에서는 돈가스를 자를 때 전용 칼을 사용한다. 칼끝에서부터 칼턱까지 둥그스름한 형태로, 먼저 칼끝에 가까운 부분을 돈가스에 찔러넣고, 칼의 커브를 이용하여 활모양을 그리듯 칼을 움직여 단숨에 자른다. 그리 큰 힘을 들이지 않고 스윽 잘리기 때문에, 튀김옷과 고기가 으깨어지지 않고 깔끔한 단면이 완성된다.

메뉴 (발췌)

〈점심〉
상 로스돈가스 정식 1,500엔
특 로스돈가스 정식 2,400엔
상 히레돈가스 정식 1,600엔
특 히레돈가스 정식 2,500엔
비프가스 정식 1,600엔
전갱이프라이 정식 1,250엔
가스 + 특제카레 1,250엔

〈저녁〉
상 로스돈가스 단품 1,200엔 / 정식 1,640엔
특 로스돈가스 단품 2,000엔 / 정식 2,440엔
상 히레돈가스 단품 1,300엔 / 정식 1,740엔
특 히레돈가스 단품 2,100엔 / 정식 2,540엔
비프가스 단품 2,000엔 / 정식 2,440엔
두껍게 자른 등심 단품 2,800엔 / 정식 3,240엔
로스가스니(등심돈가스 조림) 단품 1,600엔 / 정식 2,040엔
믹스프라이 단품 1,800엔 / 정식 2,240엔
폰치가스 단품 1,400엔 / 정식 1,840엔
특 히레 통째 프라이(약500g) 단품 4,800엔

오쓰마미(간단한 안주) (저녁에만) 400엔대~
손으로 자른 돼지고기 샤브(저녁에만) 단품 2,600엔 / 세트 3,040엔

폰치켄

도쿄 간다

폰치켄은 점심 저녁 모두 만석이 이어지는 도쿄 간다의 인기 가게. '슌코테이旬香亭' 계열사로 아카사카에 문을 연 후릿쓰가 전신이다. 2012년에 돈가스와 돼지고기 샤브샤브 전문점으로 개업했다. 양질의 돈가스를 추구하면서도, 요즘 고급화가 트렌드인 돈가스 업계에서 점심 메뉴 '상 로스돈가스 정식'이 1,500엔부터라는 비교적 부담 없는 가격 설정. 복고풍의 인테리어도 편안한 분위기를 연출하고 있다.

[폰치켄]의
돈가스 생각

정통 스타일로 높은 평가를 받는다.
적재적소에 재료를 사용하고 여열로 익히는 것이 포인트.

슌코테이와 후릿쓰에서 양식 기술을 연마한 점주 하시모토 마사유키 씨와, 가스요시 출신의 돈가스 장인이 2인조를 이루어 양질의 프라이를 추구하고 있는 폰치켄. 이 가게의 돈가스는 정통의 그 모습 그대로여서 강렬한 개성을 뿜어내진 않는다. 그러나 바삭한 튀김옷과 촉촉하고 육즙이 가득한 고기의 식감의 조화가 절묘하고 맛도 풍부하다. 무엇 하나가 튀는 것 없이, 모든 요소가 좋은 밸런스를 갖춘, 평균점이 높은 돈가스다.

"재료에는 궁합이 있습니다. 특징을 이해하고 적재적소에 사용하지 않는다면 맛있는 돈가스가 될 수 없습니다. 우리 돈가스는 식물성기름으로 튀기지만, 흑돼지나 이베리코 돼지에는 식물성기름이 어울리지 않아요. 기름과 빵가루에도 어울리는 것과 그렇지 않은 것이 있습니다. 그래서 재료 선택에서는 품질은 물론, 재료 조합의 밸런스도 염두에 두고 있습니다"라는 하시모토 씨.

돼지고기는 멕시코산과 오키나와산을 준비. 두 종류의 돼지고기로 맛과 가격의 차이를 두고 메뉴의 선택지를 늘려놓았으나, 등심육 사용 부위를 어깨쪽, 허리쪽으로 나누어 메뉴로 만들지는 않았다. "그렇게 하면 오퍼레이션이 번잡해집니다. 일품 일품에 집중하여, 납득할 만한 돈가스를 제공하고 싶어요"라고 하시모토 씨는 말한다. 또한 등심의 경우에는 등의 지방육을 두툼하게 남겨 지방육을 포함한 고기맛을 확실하게 어필하는 것이 이 가게의 스타일. 돈가스는 140℃의 식물성기름에 넣어, 165℃를 목표하여 서서히 온도를 올려가며 진득하니 튀긴다. 그러고 나서 휴지시켜 여열을 활용해 완성한다.

"목표는 튀김에서 70%, 여열로 30%예요. 튀김만으로 완성하게 되면 고기가 퍽퍽해져버립니다. 특히 안심은 그런 경향이 강해요. 여열에 의해 전체에 육즙이 퍼지고 촉촉하게 완성되는 것입니다."

특 히레 통째 프라이도 같은 방법의 스타일로 조리하여, 약 500g의 덩어리고기를 끝에서부터 끝까지 겉은 바삭하고 속은 육즙으로 촉촉하게 완성한다. '2~4명이 나눠 먹길' 바라며 고안한 것으로, 현재 가게의 대표 메뉴가 되었다.

명물이라고 하면 비프가스도 빠질 수 없다. 사용하는 소고기는 멕시코산 설로인으로, 이 메뉴는 라드로 튀긴다. 180~200℃의 고온을 유지해가면서 단시간에 한 번만 튀기고 여열도 활용해 미디엄레어로 완성한다. 오늘날 도심지에서는 전문점이 생길 정도로 대중적인 음식이 됐지만, 폰치켄에서는 개업 초부터 있었던 기본 메뉴. 가게의 전신이 양식당이었던 것이 납득될 것이다.

[폰치켄ポンチ軒]
東京都千代田区
神田小川町 2-8 扇ビル 1F
03-3293-2110

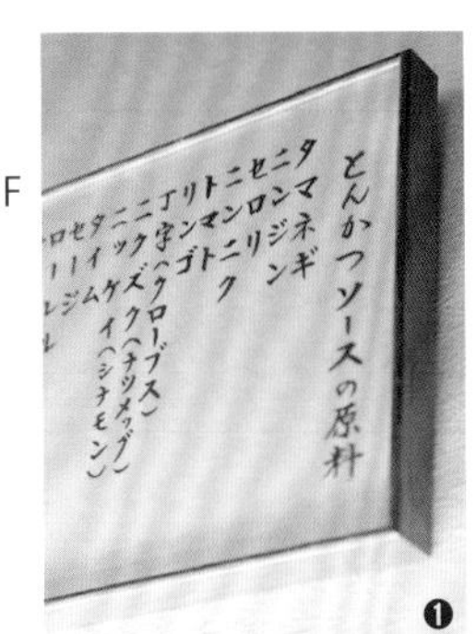

❶ 카운터 위에는 돈가스 소스의 재료표가 걸려 있다.
❷ 쇼와시대의 정식집을 떠오르게 하는, 복고풍 분위기의 점포 디자인. ❸ 따뜻한 느낌의 조명이 가게 안을 비춘다. 내부는 테이블석과 카운터석으로 구성. ❹ 조리는 2인 체제. 점장인 하시모토 씨(사진)와, 돈가스 외길인생의 요리사가 기술을 펼친다.

멕시코산과 오키나와산 2종을 사용.
맛의 타입과 가격의 차이로 영역 확대.

담백하면서 냄새가 적은 멕시코산과, 단맛이 있는 오키나와산의 돼지고기를 들여오고 있다. 맛의 타입이 다른 두 종류의 돼지고기를 라인업해둠으로써 손님의 취향에 폭넓게 대응하면서 동시에 메뉴 가격의 범위를 넓혔다. 돈가스 메뉴는 등심, 안심 모두 '상' '특' 두 개의 등급을 달아서, 상에는 멕시코산, 특에는 오키나와산을 사용한다. 또한 '두껍게 자른 등심'도 오키나와산이다. "멕시코의 돼지고기는 엄격한 기준에 맞춘 시설에서 사육되고 있으므로 안전하며, 육질도 맛도 일본인 취향에 맞고, 돈가스에도 잘 어울립니다"라는 하시모토 씨.

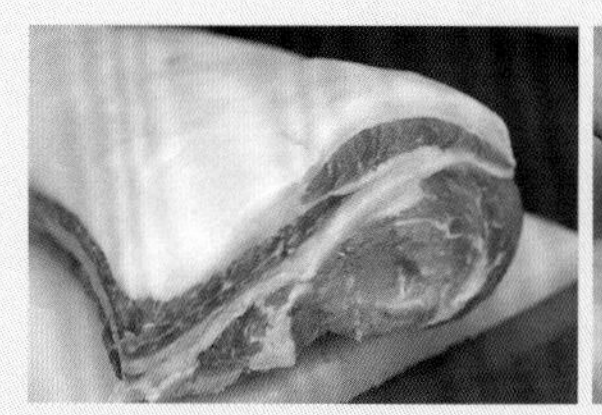
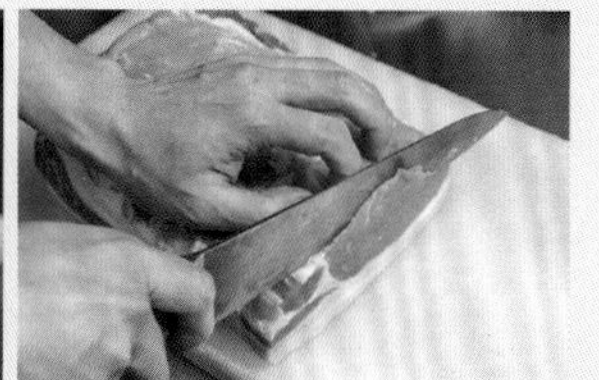

배터가루로 접착력을 높이고,
생빵가루는 당분과 염분이 적은 것을 사용.

가루는 접착력이 높은 배터가루를 선택. 튀김옷을 얇게 완성하기 위해서는 가루는 빈틈없이 고루 묻히고 확실하게 떨어낸다. 달걀물도 같은 요령으로 하여 얇게 감기도록 하는데, 미리 우유를 섞어 점도를 조정해놓는다. 단, 고로케는 튀김옷을 두껍게 하는 것이 이 가게의 스타일로, 고로케의 경우에만 전란에 배터가루를 많이 섞은 배터액을 사용한다. 한편, 빵가루는 당분과 염분을 줄인 특별주문 생빵가루를 쓴다. "당분이 적기 때문에 천천히 튀겨도 쉬이 검게 변하지 않습니다. 또, 염분이 적은 편이 고기 맛을 직관적으로 표현하는 게 가능하다고 생각합니다"라고 하시모토 씨는 말한다.

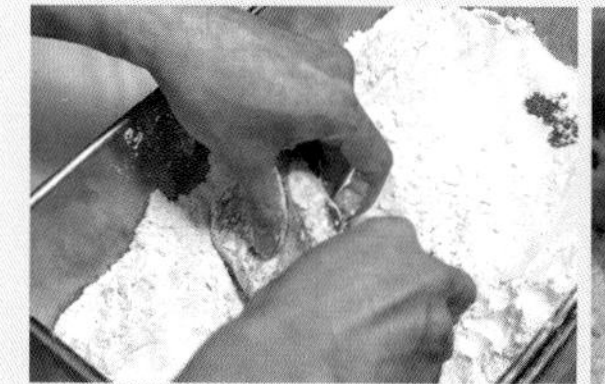

돈가스는 식물성기름으로 가볍게.
비프가스는 라드로 깊은 맛을 더한다.

튀김기름은 메뉴에 따라 구분하여 사용한다. 돈가스에는 "라드에 비해 가벼운 맛으로 완성된다"(하시모토 씨)면서 식물성기름을 쓴다. 옥수수기름과 참깨기름을 6:4로 블렌드한 것으로, 고로케 등에도 사용한다. 이 가게의 돈가스는 140~165℃로 튀기나, "돈가스를 식물성기름으로 튀기는 경우, 너무 낮은 온도이면 맛있게 튀겨지지 않습니다"라고 하시모토 씨는 말한다. 한편, 비프가스에는 라드를 사용하여 깊은 맛을 더한다. 180~200℃라는 비교적 고온에서 튀기는 메뉴나 기름지게 하고 싶지 않은 메뉴에도 라드를 사용하고, 전갱이 프라이나 햄가스 등도 라드로 튀긴다.

제공
방법

여러 종의 '돈가스 망'을 구분하여 사용.
오리지널을 포함한 개성적인 소스.

프라이를 얹는 튀김망은 크기와 형태가 다른 여러 종류를 준비해두고 메뉴에 따라 구분하여 사용한다. 테이블에는 게랑드 소금, 수제 돈가스 소스와 유자페퍼 소스, '슈퍼특선태양소스スーパー特選太陽ソース'(태양식품공업) 등을 준비. 돈가스 소스는, 기성제품의 소스를 베이스로 하여 향미채소, 토마토, 스파이스 등을 더해 끓여 만든 것. "오키나와산 돈가스는 처음 한 조각은 그냥 그대로, 혹은 소금을 곁들여 드셔보시면 좋겠네요. 소스를 사용할 경우에도, 직접 돈가스에 뿌리지 말고, 작은 종지에 담아 회를 먹을 때처럼 찍어서 드시는 것을 추천합니다."(하시모토 씨)

특 로스돈가스 200g

단맛이 난다고 하는 오키나와산의 돼지고기를 사용한 돈가스.
부드러운 식감은 좋은 육질뿐만 아니라 정성스러운 밑손질의 결과이다.
지방육에 중점적으로 열을 가하는 등 곳곳에서 기술이 빛을 발한다.

조리의 흐름

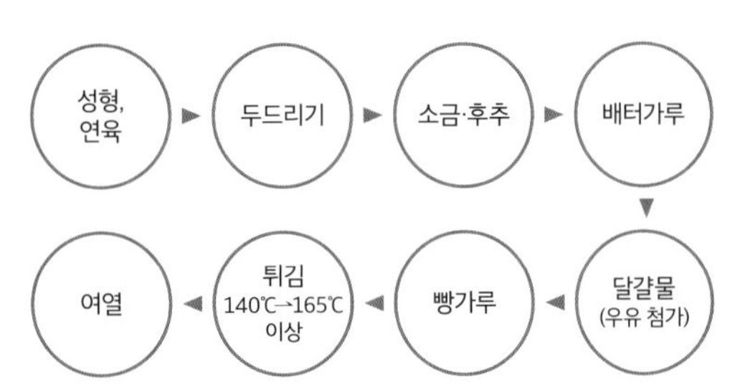

재료 (1접시분)

돼지고기 등심육(30쪽 참조) 1장(200g)

소금·흰후추 소량

배터가루* 적량

달걀물(우유 첨가)** 적량

빵가루 적량

튀김기름(옥수수기름과 참깨기름을 6:4의 비율로 블렌드) 적량

곁들임: 채 썬 양배추, 레몬, 갠 겨자

* 전분, 대두 가루, 대두단백, 건조난백, 빵가루 등을 배합하여 접착력을 높인 믹스코.

** 전란 10개와 우유 150ml를 거품기로 곱게 풀어 섞는다.

만드는 방법

지방육도 살코기도 균일하게 익어 있다.

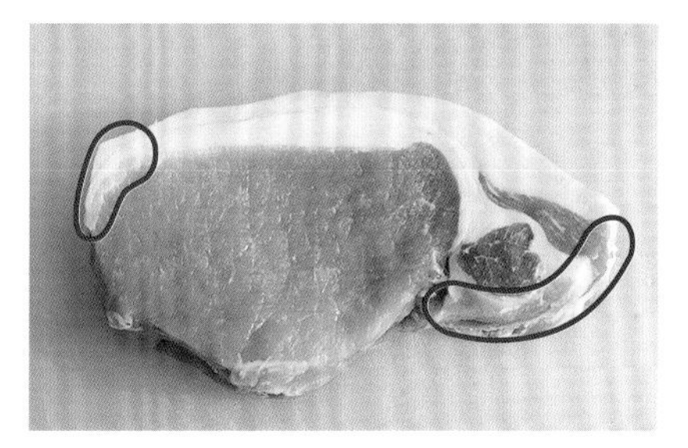
❶ 등심육은 끝쪽의 힘줄이 많은 부분(검은 테두리)을 잘라낸다.

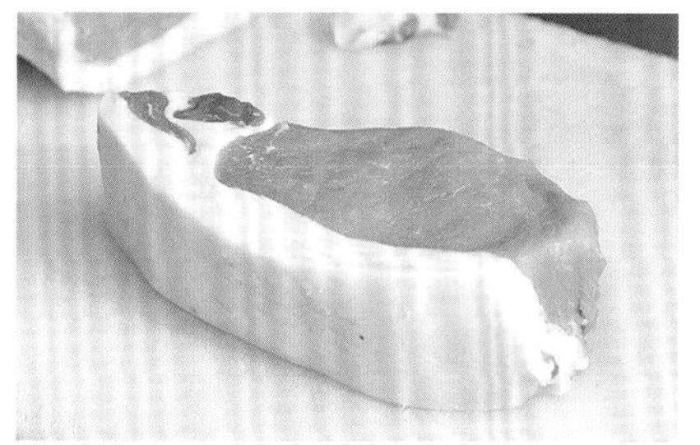
❷ 사진은 ❶의 작업을 끝낸 상태.

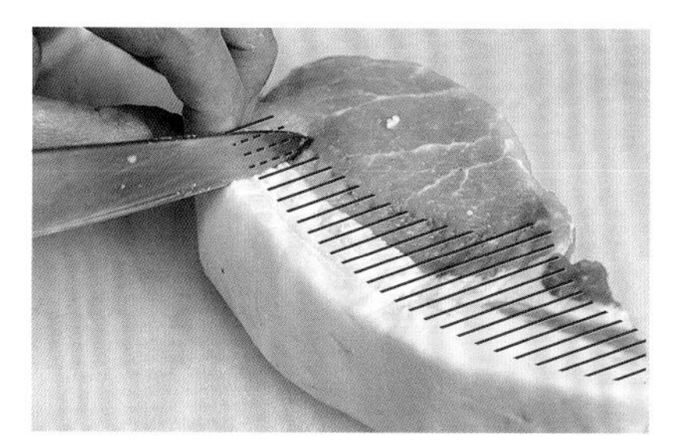
❸ 잔 칼집을 넣는 방법으로써 촘촘한 간격으로 연육한다. 양쪽 면을 모두 한다.

❹ 고기망치로 가볍게 두드리고, 한쪽 면에 소금과 흰후추를 아주 소량씩 뿌려준다.

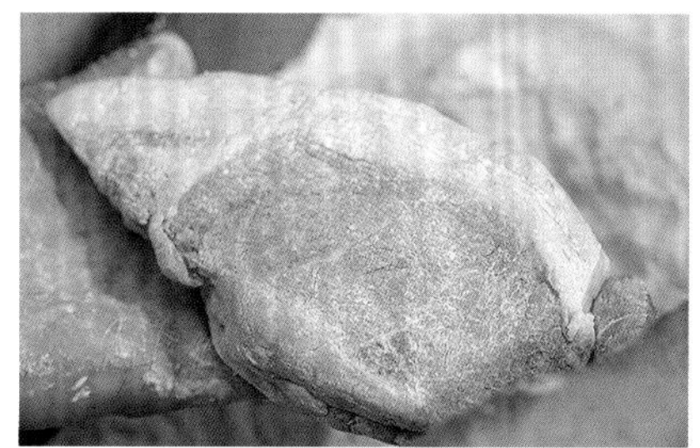
❺ 배터가루를 묻히고 손으로 털어 여분의 가루를 떨어낸다.

❻ 대나무꼬치를 사용해 달걀물을 묻히고 여분의 달걀물을 확실하게 떨어낸다.

❼ 빵가루를 듬뿍 묻혀 140℃의 튀김기름에 넣고, 서서히 온도를 올려가면서 10분 정도 튀긴다. 그사이에 튀김옷이 굳으면 뒤집고, 이후에도 여러 번 뒤집는다.

❽ 튀김이 완성되기 조금 전에, 젓가락으로 들어올려 등쪽만 기름에 잠기게 하여, 지방육 부분을 중점적으로 가열한다. 다 튀겨졌을 때 기름의 온도는 165℃를 목표로 한다.

❾ 튀김망을 깔아놓은 바트에 놓고 휴지시켜, 기름을 빼면서 여열로 익힌다. 이 과정은 4~5분. 잘라서 접시에 담는다.

조리의 포인트

1 촘촘한 간격으로 연육한다

두께가 있는 고기이기 때문에, 힘줄을 자르는 작업은 꼼꼼하게 한다. 얕고 길게 칼집을 넣을 것. 잔 칼집을 넣는 요령으로, 촘촘한 간격으로 끝에서 끝까지 양쪽 면을 연육한다.

2 140℃에서부터 튀기기 시작한다

두께 2cm 정도의 고기는 비교적 낮은 온도인 140℃의 튀김기름에 넣고, 서서히 온도를 올려가면서 천천히 익힌다.

3 지방육을 중점적으로 가열

살코기와 지방육은 익는 속도가 서로 다르다. 지방육 쪽이 늦어서 튀기는 시간을 지방육에 맞추면 살코기가 너무 많이 익어버린다. 그래서 살코기 부분을 기름 밖으로 꺼낸 상태로 하여 지방육이 많은 부분만 튀겨지는 시간을 만들어줌으로써 전체적으로 균일하게 익힐 수 있다.

4 튀김 70% + 여열 30%

두께가 있는 고기는 튀김 70% + 여열 30%라는 생각으로 조리하여, 고기 중심까지 익힌다. 튀김만으로 고기에 충분한 열을 가하게 되면 튀김옷이 타버리고 육질도 퍽퍽한 상태가 되어버린다. 빵가루에 노릇한 색이 돌고, 표면에 작은 기포가 떠올라 탁탁 하는 고음으로 변하면 기름에서 건져올릴 타이밍.

특 히레 통째 프라이 약 500g

오키나와산 돼지고기 안심육을 한 줄 통째로 튀긴 다이내믹한 메뉴.
단면은 어느 부분을 택해도 육즙이 퍼져 있는 핑크색. 직접 만든 유자페퍼 소스 등으로
맛의 변화를 즐겨보는 것도 좋다. 2~4인이 나눠 먹는 것을 추천.

조리의 흐름

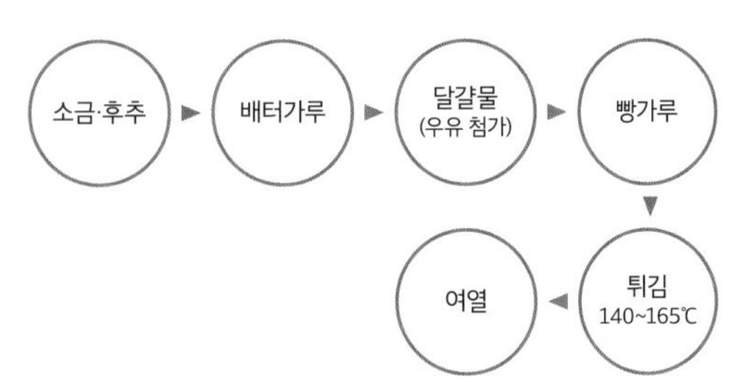

재료 (1접시분)

돼지고기 안심육(31쪽 참조) 1줄(약 500g)

소금, 흰후추 소량

배터가루* 적량

달걀물(우유 첨가)** 적량

빵가루 적량

튀김기름(옥수수기름과 참깨기름을 6:4의 비율로 블렌드) 적량

곁들임: 레몬

* 전분, 대두 가루, 대두단백, 건조난백, 빵가루 등을 배합하여 접착력을 높인 믹스코.

** 전란 10개와 우유 150ml를 거품기로 곱게 풀어 섞는다.

만드는 방법

육즙이 가득 차서
연한 핑크색이 돈다.

❶ 안심육은 밑손질을 끝낸 것을 통째로 한 줄 사용한다. 전체에 소금과 흰후추를 아주 소량씩만 뿌린다.

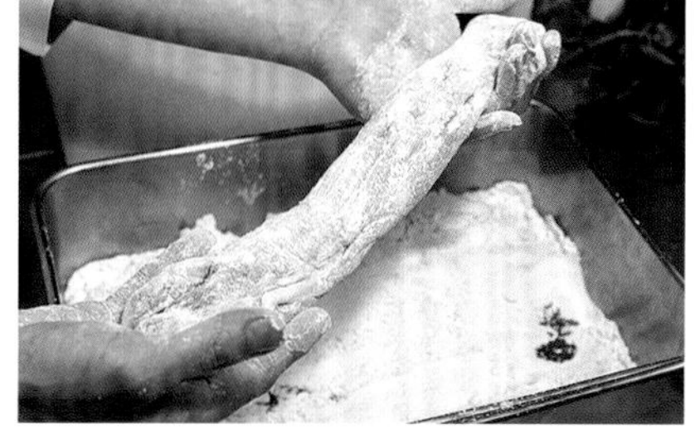

❷ 배터가루를 묻히고, 손으로 두드려 여분의 가루를 떨어낸다.

❸ 대나무꼬치를 사용해 달걀물을 묻히고 여분의 달걀물을 확실하게 떨어낸다.

❹ 빵가루를 듬뿍 묻힌다.

❺ 140℃의 튀김기름에 넣고, 서서히 온도를 올려가면서 10분 정도 튀긴다.

❻ 사진은 튀김이 완성되기 직전. 다 튀겨졌을 때의 기름의 온도는 165℃를 목표로 한다. 튀김옷이 벗겨지기 쉬우므로, 튀기고 있는 도중에는 최대한 건드리지 말 것.

❼ 튀김망을 깔아놓은 바트에 놓고 휴지시켜, 기름을 빼는 동시에 여열로 익힌다. 이 과정은 4~5분.

❽ 잘라서 접시에 담는다.

조리의 포인트

1 140℃에서부터 튀기기 시작한다

두께가 있는 고기는 비교적 낮은 온도인 140℃의 튀김기름에 넣고, 서서히 온도를 올려가면서 천천히 익힌다.

2 튀기는 도중에는 건드리지 말 것

사이즈가 큰 메뉴일수록 튀김옷이 벗겨지기 쉽기 때문에, 튀기는 중에는 최대한 고기를 건드리지 말 것. 냄비가 얕거나 해서 골고루 익히기 어려운 경우에도 가능한 한 뒤집지 말고 옆으로 살짝 기울여주는 정도에서 멈춘다.

3 튀김 70% + 여열 30%

두께가 있는 고기는 튀김 70% + 여열 30%라는 생각으로 조리하여, 고기 중심까지 익힌다. 튀김만으로 고기에 충분한 열을 가하게 되면 튀김옷이 타버리고 육질도 퍽퍽한 상태가 되어버린다. 빵가루에 노릇한 색이 돌고, 표면에 작은 기포가 떠올라 탁탁 하는 고음으로 변하면 기름에서 건져올릴 타이밍.

비프가스

멕시코산 소고기 설로인을 부드러운 살코기로만 하여 트리밍. 고온의 라드에 넣어 살짝 튀기고, 여열로 미디엄레어로 만들어간다. 담백한 고기의 맛엔 와사비와 간장이 잘 어울린다.

조리의 흐름

재료 (1접시분)

소고기 설로인 1장(손질한 것 200g)
소금·흰후추 적량
배터가루* 적량
달걀물(우유 첨가)** 적량
빵가루 적량
튀김기름(라드) 적량
곁들임: 채 썬 양배추, 레몬, 와사비, 간장

* 전분, 대두 가루, 대두단백, 건조난백, 빵가루 등을 배합하여 접착력을 높인 믹스코.
** 전란 10개와 우유 150ml를 거품기로 곱게 풀어 섞는다.

만드는 방법

부드러운 살코기를
미디엄레어로.

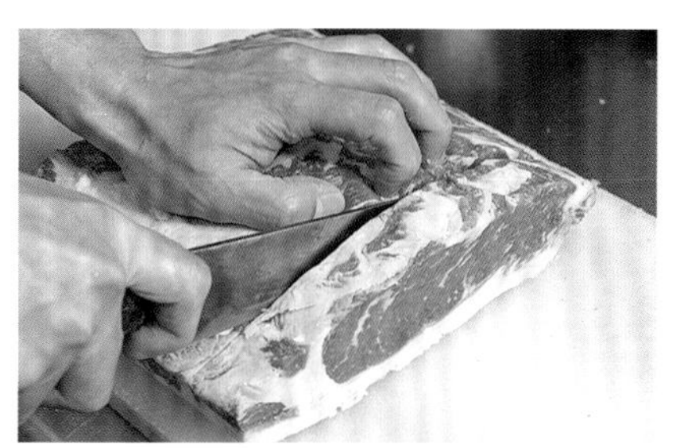

❶ 소고기 설로인을 두툼하게 잘라낸다.

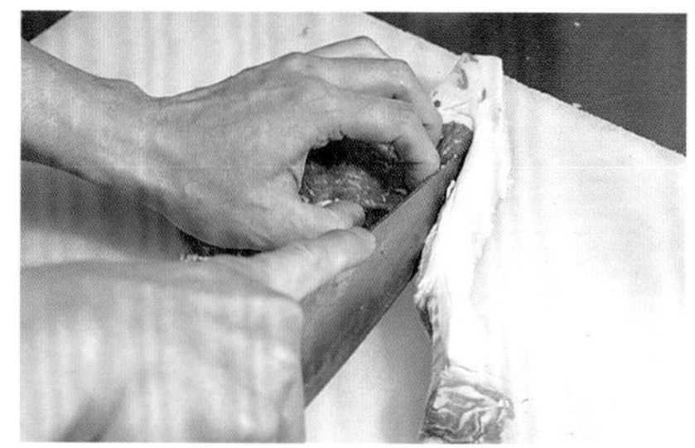

❷ 살코기를 덮고 있는 지방육과 힘줄이 뻗어 있는 부분을 전부 잘라내고, 살코기만 남긴다.

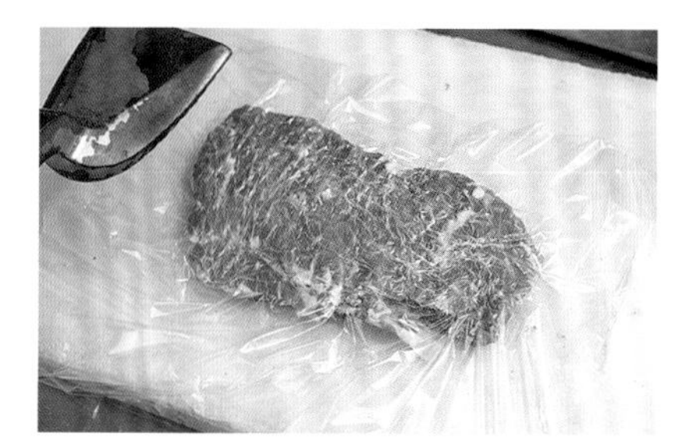

❸ 랩을 씌우고 고기망치로 두드린다.

❹ 두툼한 모양이 되도록 형태를 정리하고, 소금과 흰후추를 뿌린다.

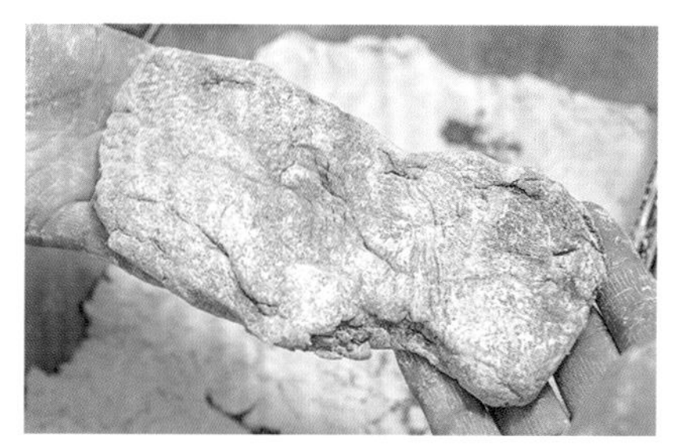

❺ 배터가루를 묻히고 손으로 두드려 여분의 가루를 떨어낸다.

❻ 대나무꼬치로 달걀물을 묻히고 여분의 달걀물을 확실하게 떨어낸다.

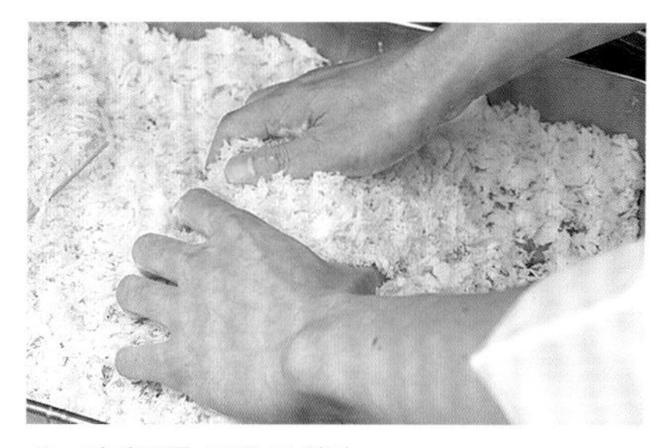

❼ 빵가루를 듬뿍 묻힌다.

❽ 180~200℃의 튀김기름에 넣고, 기름의 온도를 유지하면서 2분 정도 튀긴다. 그사이에 튀김옷이 굳으면 적당한 타이밍에 뒤집는다.

❾ 튀김망을 깔아놓은 바트에 놓고 휴지시켜, 기름을 빼는 동시에 여열로 익힌다. 이 과정은 2분. 잘라서 접시에 담는다.

조리의 포인트

1 살코기만 남은 상태로 성형

살코기를 덮고 있는 지방육과 힘줄이 뻗어 있는 부분은 전부 제거하고, 살코기만 남겨 사용한다. 전체적으로 부드럽고 잘 씹힐 수 있는 상태로 한다. 또, 잘라낸 힘줄과 막은 소고기 스지(힘줄이 있는 고기, 막 등의 총칭)조림 등의 일품요리로 사용한다.

2 담백한 고기에는 라드

살코기만 있는 담백한 맛의 고기이기 때문에, 튀김기름은 라드를 사용하여 동물성기름이 지닌 풍미와 깊은 맛을 더한다.

3 소고기튀김은 100g, 1분

비프가스는 고온의 튀김기름에서 단시간에 튀겨낸다. 소고기의 튀김 시간은 고기 100g당 1분이 표준. 이 단계에서는 속은 아직 레어에 가까운 상태인데, 여열로 마저 익혀 미디엄레어로 만들어간다. 또한, 고온의 기름에선 빵가루가 빨리 색이 나기 때문에, 적절하게 뒤집어 튀김색을 균일하게 낸다.

폰치가스

등심육과 어울리는 파를 듬뿍.

썰어놓은 파를 얇은 슬라이스 고기에 넣고 만 '롤가스'.
파 이외에 새우 & 차조기, 김치 & 크림치즈도 궁합이 좋다고 한다.
담백하고 냄새가 적은 멕시코산 돼지고기를 사용하고, 검은후추의 풍미를 더했다.

조리의 흐름

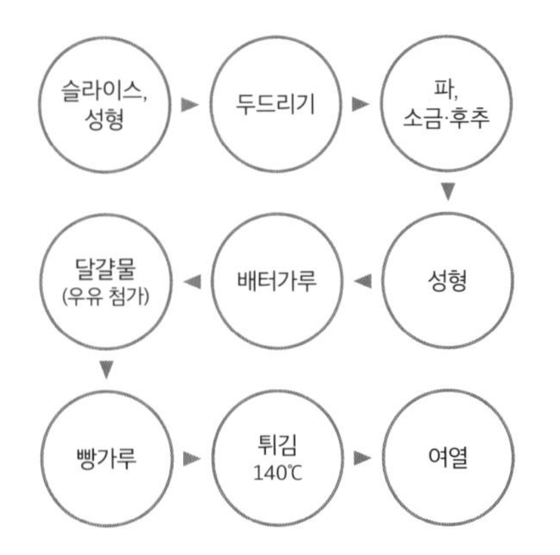

조리의 포인트

1 고기를 빈틈없게 만다

파를 넣고 고기를 말 때, 빈틈이 생기지 않도록 단단하게 만다. 빈틈이 있으면 튀기는 도중에 속의 공기가 팽창하여 튀김옷이 부서지기 쉽다. 파열을 방지하기 위해 고기에 전분을 묻힌 후 마는 방법도 있다.

1 140℃, 단시간에 튀긴다

얇게 슬라이스 한 고기는 익는 속도가 빠르기 때문에 단시간에 튀긴다. 단, 튀김기름은 140℃로 결코 높은 온도가 아니므로 시간이 짧더라도 기름을 빼는 동시에 여열에 익힌다.

재료 (1접시분)

돼지고기 등심육(얇게 슬라이스) 4장
대파(송송 썬 것) 적량
소금·흑후추 적량
배터가루* 적량
달걀물(우유 첨가)** 적량
빵가루 적량
튀김기름(옥수수기름과 참깨기름을 6 : 3의 비율로 블렌드) 적량
곁들임: 채 썬 양배추, 레몬, 갠 겨자

* 전분, 대두 가루, 대두단백, 건조난백, 빵가루 등을 배합하여 접착력을 높인 믹스코.
** 전란 10개와 우유 150ml를 거품기로 곱게 풀어 섞는다.

만드는 방법

❶ 1장 20g로 슬라이스 한 등심육 2장을 사진과 같이 상하좌우를 바꾸어 약간 겹치게 놓는다. 이것을 2세트 준비한다.

❷ 랩으로 덮어 고기망치로 두드린다.

❸ 송송 썬 대파와 쪽파를 섞어 고기 중앙에 옆으로 길게 얹고 소금과 후추 모두 넉넉하게 뿌린다.

❹ 가로로 길게 한 상태로 앞에서부터 돌돌 만다. 양끝의 고기를 속으로 눌러넣듯이 하여 구멍을 막는다.

❺ 고기 위에서부터 랩을 덮어 꽉 싼 뒤 좌우에 남은 랩을 비틀어 돌려 형태를 잡는다.

❻ 배터가루를 묻히고 손으로 털어 여분의 가루를 떨어낸다.

❼ 달걀물에 묻히고 여분의 달걀물을 확실하게 떨어낸다.

❽ 빵가루를 듬뿍 묻혀 140℃의 튀김기름에 넣고, 기름의 온도를 유지하면서 5분 정도 튀긴다.

❾ 튀김망을 깔아놓은 바트에 놓고 휴지시켜, 기름을 빼는 동시에 여열로 익힌다. 이 과정은 2분. 잘라서 접시에 담는다.

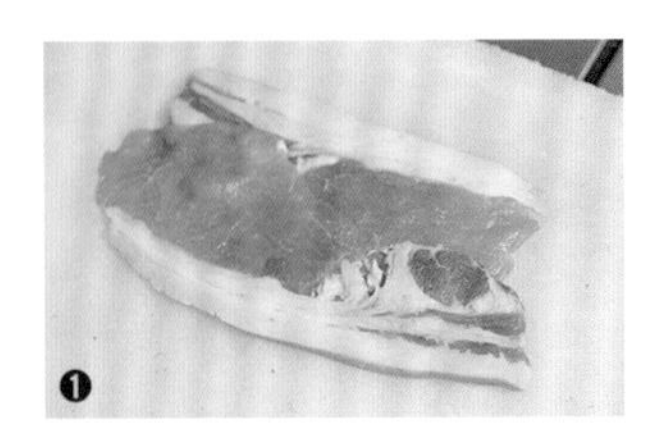

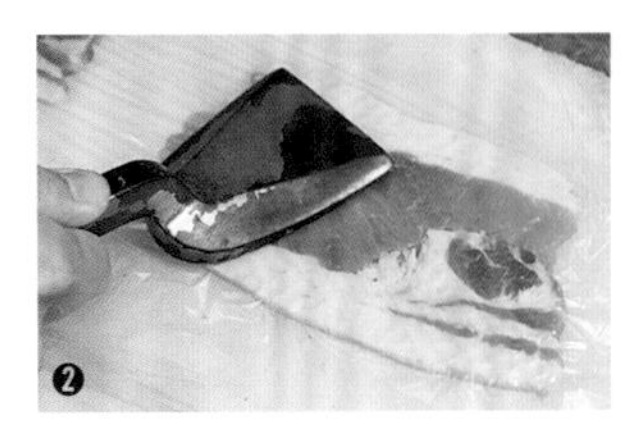

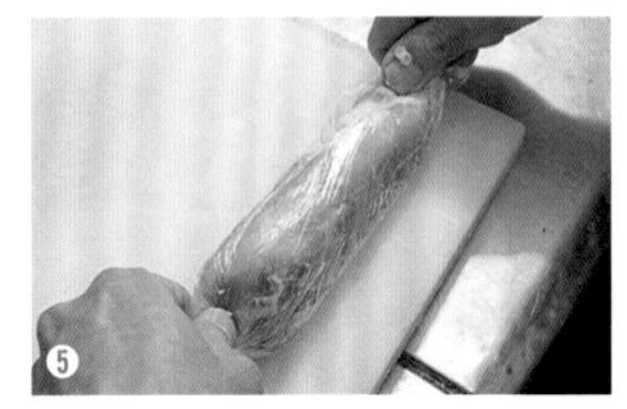

감자민치고로케

속은 간 고기가 듬뿍,
걸쭉한 질감.

겉은 바삭, 속은 걸쭉. 묵직한 감자의 식감과
풍부한 고기의 감칠맛이 입속으로 몰려든다.
배터액을 사용해 두께 있는 튀김옷을 만든 것도 포인트.

재료 (1개분)

반죽(개당 80g)
- 감자 1kg (껍질을 벗긴 것)
- 다진 돼지고기 1kg
- 양파 2개
- 부용수프 150ml
- 시즈닝 소스 15ml
- 전분(감자전분) 35g
- 소금·흰후추 적량
- 화이트와인 소량
- 볶음기름(라드) 적량

배터액 적량
- 전란 5개
- 배터가루* 100g

빵가루 적량

튀김기름 적량
(옥수수기름과 참깨기름을 6:3의 비율로 블렌드)

곁들임:
채 썬 양배추, 갠 겨자

*전분, 대두 가루, 대두단백, 건조난백, 빵가루 등을 배합하여 접착력을 높인 믹스코.

조리의 흐름

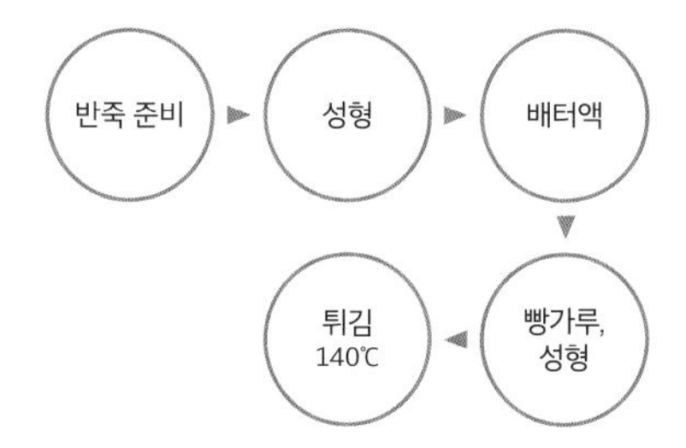

조리의 포인트

1 반죽에는 전분을 배합

전분을 배합하여 걸쭉한 식감으로 완성한다. 또, 감자와 고기는 같은 양을 사용하여, 고기와 감자 모두의 존재감을 낸다.

2 배터액으로 튀김옷은 두껍게

고로케에는 전란에 배터가루를 많이 첨가한 배터액을 사용. 반죽의 겉쪽은 비교적 두꺼운 층을 만들어, 그 속에서 쪄내는 식으로, 반죽에 천천히 열을 가한다. 이 가게에서는 오징어프라이와 멘치가스에도 배터액을 사용하고 있다.

만드는 방법

❶ 반죽을 준비한다. 물을 가득 받아 끓여, 감자를 껍질째 넣고 삶는다. 다 익으면 꺼내서 껍질을 벗기고 큼직하게 썬다.

❷ 양파는 잘게 자르고, 기름을 두르지 않은 냄비에 넣고 볶는다. 수분이 날아가면 바트에 옮겨 식힌다.

❸ 볼에 부용수프, 시즈닝 소스, 전분, 소금과 흰후추를 넣고 고루 섞는다.

❹ 냄비에 볶음기름을 넣고, 다진 돼지고기를 넣고 볶는다. 고기가 풀어지면 화이트와인을 넣고, 수분이 날아가면, ❶과 ❷를 넣고 가볍게 볶는다.

❺ ❹에 ❸을 넣고, 가볍게 저어 섞는다. 끓어오르면 불에서 내린다. 어느 정도 식으면 보존용기에 옮겨 냉장고에 넣어둔다.

❻ 배터액을 준비한다. 전란과 배터가루를 저어 섞는다.

❼ 반죽을 1개 80g으로 계량하여, 손으로 둥글려 완자 모양을 만든다.

❽ 배터액에 버무린다. 빵가루가 들어 있는 바트로 옮겨, 손바닥으로 눌러 두툼한 원반 형태로 만들면서 빵가루를 듬뿍 묻힌다.

❾ 140℃의 튀김기름에 넣고, 기름 온도를 유지하면서 8분 정도 튀긴다. 반죽이 묽고 형태가 망가지거나 터지기 쉬우므로, 튀기는 동안에는 건드리지 말 것. 튀김망을 깔아놓은 바트에 옮겨 기름을 빼고, 접시에 담는다.

❻

❼

❾

전갱이프라이

운이 좋아진다는 부채 모양의 개성 있는 전갱이프라이.
양질의 생식용 전갱이를 신선할 때 밑손질하여, 180~200℃의 라드에 살짝 튀겨낸다.
전갱이의 풍부한 풍미와 폭신한 살의 식감이 인상적.

조리의 흐름

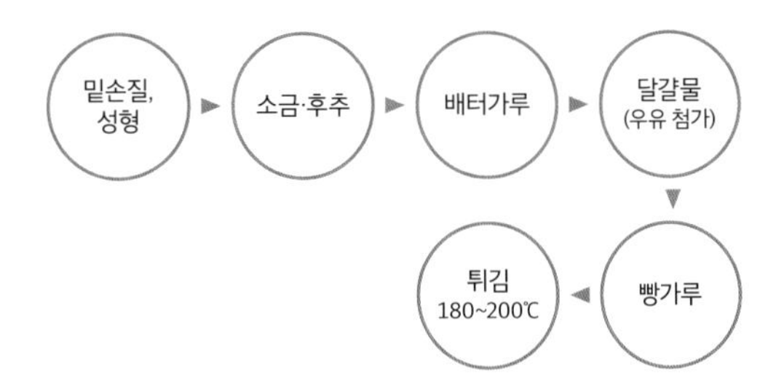

재료 (1접시분)

전갱이 1마리
소금·흰후추 적량
배터가루* 적량
달걀물(우유 첨가)** 적량
빵가루 적량
튀김기름(라드) 적량
곁들임: 채 썬 양배추, 레몬, 오로시폰즈(간 무에 폰즈를 섞은 것), 차조기 잎, 타르타르소스

* 전분, 대두 가루, 대두단백, 건조난백, 빵가루 등을 배합하여 접착력을 높인 믹스코.
** 전란 10개와 우유 150ml를 거품기로 곱게 풀어 섞는다.

만드는 방법

두툼하게 부풀어오른 살.

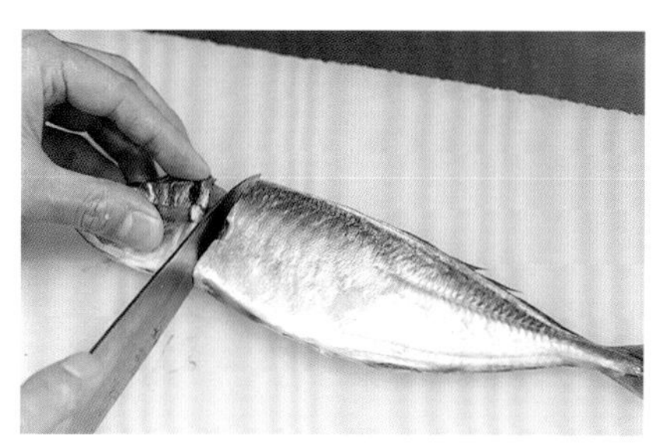

❶ 전갱이는 양측에 있는 가슴지느러미의 뒤로 칼을 넣어 대가리를 잘라낸다.

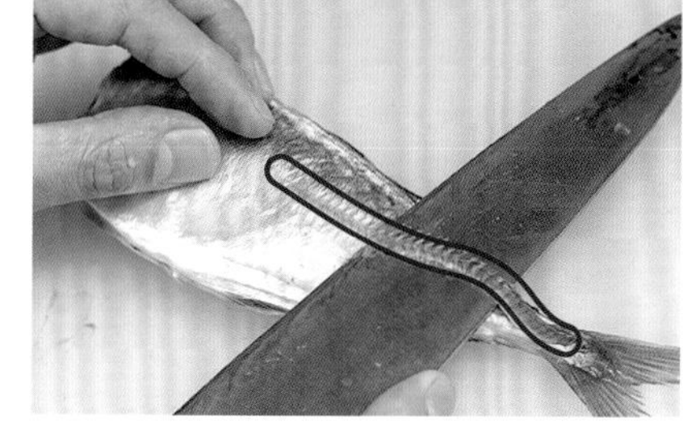

❷ 꼬리 부분부터 칼을 넣어, 제이고(전갱이의 꼬리쪽에 이어져 있는 특이한 비늘)를 제거한다. 이것을 양쪽 면에 모두 한다.

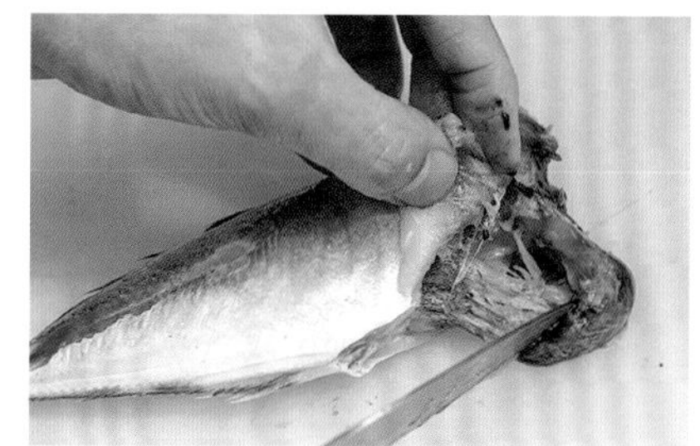

❸ 배쪽 살을 조금 잘라내고 내장을 긁어낸다.

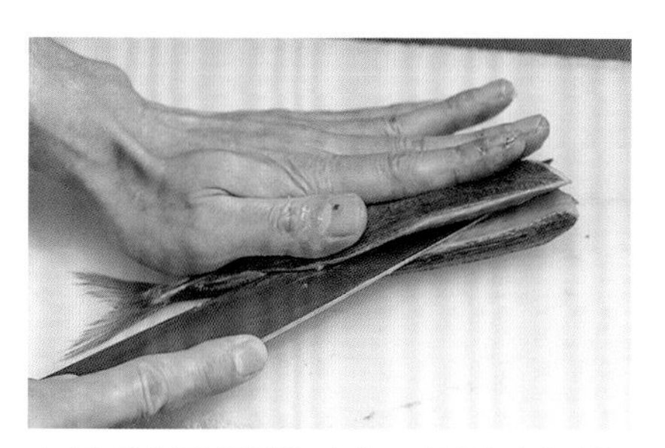

❹ 등에서부터 중골을 따라 꼬리 부분까지 칼을 넣는다. 이때, 꼬리가 붙어 있는 부분의 살을 잘라내지 말 것.

❺ 뒤집어서 ❹와 같은 요령으로 하여 칼을 넣고, 살을 갈라 펼친다. 사진과 같은 상태가 된다.

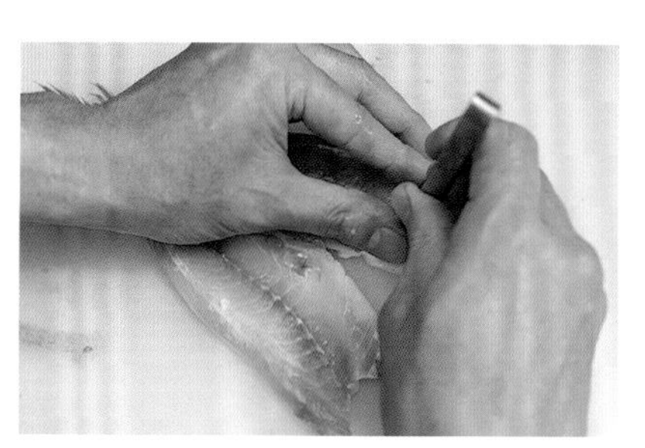

❻ 꼬리는 남겨둔 채로 중골을 잘라낸다. 흐르는 물에 씻고 물기를 닦아낸다. 핀셋으로 잔가시를 제거한다.

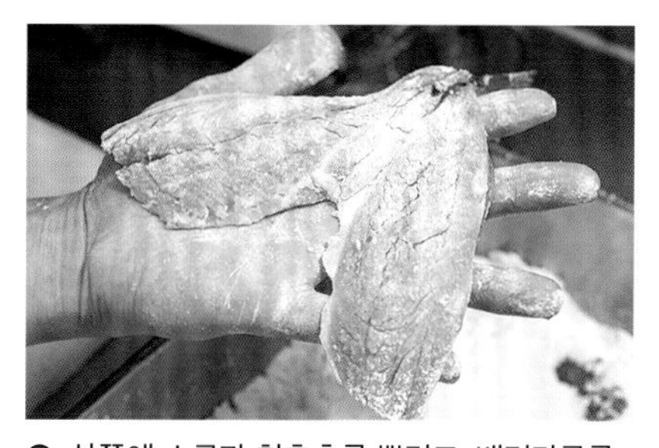

❼ 살쪽에 소금과 흰후추를 뿌리고, 배터가루를 묻혀 손으로 털어 여분의 가루를 떨어낸다.

❽ 달걀물을 묻히고 여분의 달걀물을 확실하게 떨어낸다. 살이 펼쳐진 상태로 하여 빵가루를 듬뿍 묻힌다.

❾ 껍질쪽을 밑으로 하여 180~200℃의 튀김기름에 넣고, 기름의 온도를 유지하면서 1분 정도 튀긴다. 그사이에 튀김옷이 굳으면 2번 정도 뒤집는다. 튀김망을 깔아놓은 바트에 놓고 살짝 기름을 뺀 뒤 그릇에 담는다.

조리의 포인트

1 등에서부터 갈라 펼쳐 독특한 모습으로

'팔八' 자로 펼쳐진 특징적 형태로 완성하기 위해 전갱이는 등에서부터 갈라 펼친다.

2 전갱이프라이에는 라드

전갱이는 라드에 튀기면 동물성기름이 지닌 풍미와 깊은 맛을 더한다.

3 고온, 단시간에 튀긴다

생선은 너무 오래 튀기면 살이 퍽퍽해져버리기 때문에, 고온의 튀김기름에서 단시간에 튀긴다. 여기에서 튀기는 시간은 1분이나, 이 단계에서 90% 이상 익히고, 바트에 옮겨 기름을 살짝 빼는 사이에 완성되는 것을 목표로 하여 작업한다.

다채로운 부위로 메뉴를 선보이는 돈가스 히나타의 고치소돈가스ごちそうとんかつ

도쿄 다카다노바바가 '돈가스 격전구'라 일컬어지게 된 것은 나리쿠라라는 소문난 맛집의 영향이 크다. 그런 다카다노바바에 돈가스 히나타가 혜성처럼 등장한 것이 2017년 1월 즈음. 격전구에서 눈 깜짝할 사이에 인기 식당의 대열에 들어섰다. 히나타가 돈가스 팬들의 마음을 움직일 수 있었던 것은 맛은 물론 메뉴와 먹는 방법 등에서 드러나는 개성에 있다.

메뉴표에는 등심과 안심이라는 일반적인 부위와 함께, 립 로스, 시킨보, 램프 등 돈가스집에서는 그다지 귀에 익숙지 않은 부위도 나열되어 있다. 립 로스는 등심에서 어깨쪽 부분을 지칭하는 것으로, 기름이 잘 올라와 있어 '상 로스'라는 명칭으로 취급하는 곳도 있는 고기이다. 시킨보는 허벅짓살의 일부, 램프는 겉허벅지의 일부로, 이 외에도 이치보イチボ(엉덩이 주위)나 돈토로(볼살부터 목 부분)란 메뉴도 라인업했다. 야키니쿠가게의 소고기를 떠올리게 하는, 세분화된 부위의 다채로운 메뉴다.

【돈가스 히나타とんかつ ひなた】
東京都新宿区高田馬場 2-13-9
03-6380-2424

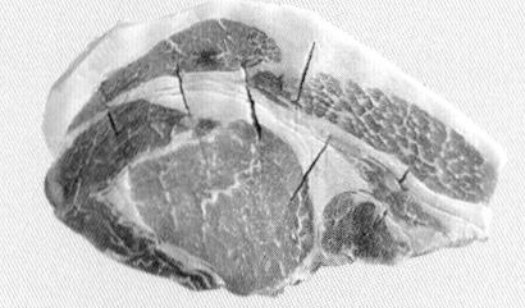

상上 립 로스가스(250g) 정식 2,500엔
등심에서 어깨쪽 부분. 단맛이 있고, 풍부한 지방육이 매력이다. "먼저 아무것도 찍지 말고 지방육부터 먹어보시면 좋겠어요"라는 마스기 씨. 립 로스는 '상' 이외에, 더욱 양질의 고기를 사용한 '특선' 립 로스가스 정식(250g, 3,500엔)도 준비하고 있다.

"돈가스에 알맞은, '바로 이거다!' 싶은 브랜드 돼지고기를 한정하고, 거기에 돼지의 지육(머리, 내장 따위를 발라 낸 후 남은 뼈에 붙은 고기)을 통째로 구입하기에 비로소 가능한 메뉴 구성이라고 생각합니다." 히나타의 콘셉트를 담당한 프로듀서 마스기 다이스케眞杉大介 씨의 말이다. 이 가게의 프로젝트는 마스기 씨와 오너가 둘만의 팀을 꾸려, 개업 2년 전에 시동을 걸었다. 전국의 브랜드 돼지고기를 시식했다고 하는데, 그 수가 50~60두에 이른다는 게 놀랍다.

마지막에 다다른 것은 미야기현의 농가가 손수 키우는 통칭 '한방돈漢方豚'. 허브 등 14종류의 재료를 내세운 한방사료로 키우고 있으나, 생산자와 상담을 진행하면서 사육 방법을 세세하게 조정하는 등 히나타만의 육질을 추구한 고집스러운 돼지고기다.

램프가스(180g) 정식 1,800엔
허리에서 엉덩이에 걸친 바깥쪽 허벅짓살의 일부를 '램프'라는 이름으로 제공. 지방육이 없고 대부분 살코기다. "안심의 부드러움과, 등심의 감칠맛을 함께 느낄 수 있어요. 돼지고기답게 독특한 향도 납니다."

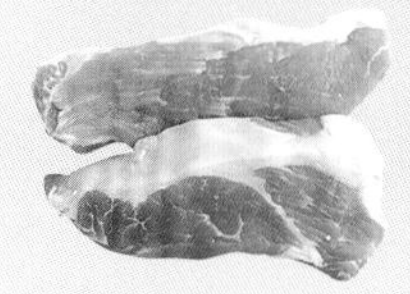

이치보가스(50g) 단품 500엔 (위)
엉덩이 근처의 일부에 해당하는 이치보 살코기와 지방육의 밸런스가 좋고, 뜨끈뜨끈한 돈가스를 한입 베어물면 지방육에 탄력이 느껴지며, 좌악 하고 감칠맛이 퍼진다. "구시(꼬치)가스 등에 사용해도 맛있는 부위로, 겨자가 잘 어울립니다."

돈토로가스(50g) 단품 500엔 (아래)
볼살에서 목에 걸친 부위를 돈토로라는 이름으로 제공. 육즙이 풍부하고 적당한 탄력을 지닌 독특한 식감도 즐겁다. "지방육이 지닌 향이 좋아서, 와사비와 소금에 드시는 것을 추천합니다."

튀김에 올리브기름?!

돈가스는 맨 먼저 소금이나 소스를 찍지 않고 그냥 먹는 것을 추천하고 있으나, 테이블에는 상시 소금 2종류, 돈가스 소스 2종류, 올리브기름 등을 준비해두었고, 특선 메뉴에는 트러플소금을 별도로 제공하고 있다. "'튀김에 올리브기름?!'이라고 생각할 수도 있겠으나, 올리브기름을 몇 방울 떨어뜨리면, 돈가스의 맛이 모난 곳 없이 순하게 느껴져요"라는 마스기 씨.

단순히 조미료를 풍부하게 준비해둔 것이 아니라 "립 로스는 아마미산 천일염과 소스, 안심은 트러플소금을 추천드립니다. 올리브기름도 잘 어울려요"라는 식으로, 각 부위에 어울리는 먹는 방법을 메뉴표나 구두로 제안하고 있다는 점도 독특하다.

"히나타의 콘셉트는 '이타마에板前(일반적으로 손님 앞에서 직접 스시를 만들어주는 스시집 요리사를 지칭) 돈가스'입니다. 주방에서 기술을 펼치는 요리사와 손님 사이의 대화가 오가게 되면, 돈가스는 더욱더 맛있어진다고 생각했습니다. 그래서 객석도 카운터석만으로 구성했습니다."

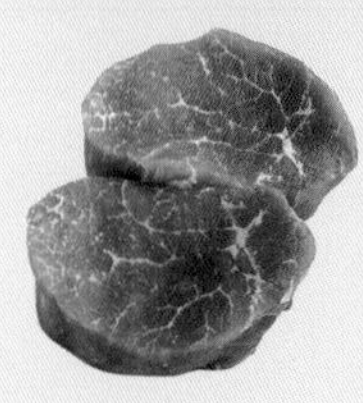

시킨보가스(140g) 단품 1,000엔
시킨보는 바깥쪽 허벅지 근처 허벅짓살의 일부. 살결이 촘촘하고, 대부분 살코기로서, 지방육이 희미하게 올라와 있다. "질감은 안심과 비슷합니다. 트러플소금과 궁합이 매우 좋습니다. 올리브기름도 추천합니다."

❶ 정식 메뉴는, 로스가스 정식(130g) 1,300엔(점심은 1,000엔)부터이며, 밥, 돈지루, 오신코 포함이다. 정식의 상위메뉴인 '특선'은, 로스가스, 립 로스가스, 히레가스의 세 종류로 2,800엔부터. 일부 메뉴에는 트러플소금(사진 속 오른쪽 위)이 제공된다.
❷ '먹고 비교해보는 코스'의 차림표. 부위별로 추천하는 먹는 방법의 설명을 기재했다.
❸ 테이블에는 '아마미의 천일염', '잉카의 천일염', 소스 2종, 올리브기름 등을 준비해놓았다.

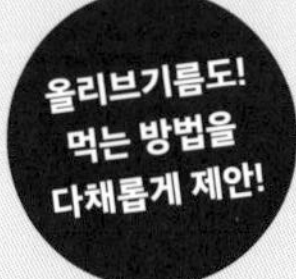

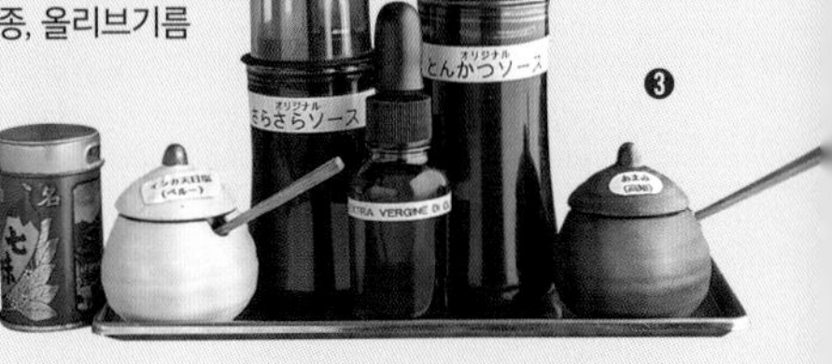

부위를 비교하며 먹는 코스 요리

이 콘셉트가 잘 표현되어 있는 메뉴가 '먹어보고 비교할 수 있는 코스'(3,500엔)이다. 부위가 다른 여섯 종류의 돈가스가 한 조각씩 순서대로 등장하고, 국물과 작은 크기의 '소스 가스돈(소스가 뿌려진 돈가스 덮밥)'으로 식사를 마무리하는 것이 코스의 흐름. 제공 시에는 부위와 먹는 방법의 설명을 능숙하게 곁들인다. "한 조각씩이므로, 최고의 타이밍으로 튀겨진 돈가스를 가장 맛있게 먹을 수 있는 순간을 놓치지 않고 즐길 수 있다는 것도 코스의 매력입니다. 1시간에서 1시간 30분, 느긋하게 돈가스를 즐기실 수 있습니다"라는 마스기 씨. 저녁에는 손님의 절반이 코스를 목적으로 방문하는 등 인기는 상승세다.

아이디어가 가득한 히나타. 사실 마스기 씨는 다른 본업을 가지고 있는 비즈니스맨. 허나 1년이면 250~260개의 가게에서 돈가스를 먹을 만큼 돈가스를 좋아한다. "제가 요리인이 아니기에 뭔가에 얽매이지 않고 자유로운 발상이 가능했던 부분이 있을지도 모릅니다. 그래도 요리에 관해서는 초심자이기 때문에, 부단히 노력하여 공부했고 고생도 많았습니다. 돈가스는 정말 깊이 있는 요리라고 생각합니다. '잘 만들었다'라고 부를 수 있는 돈가스를 목표로 앞으로도 연구를 계속해나가고 싶습니다"라고 마스기 씨는 말한다.

한방사료로 사육한 미야기산 돼지고기의 지육을 통째로 매입하여 다양한 부위를 돈가스로 완성해 제공한다. '지방육의 단맛과 느끼하지 않음'이 이 돼지고기를 선택하게 된 결정적인 요소라며, "담백하지도 진하지도 않은, 로스에 익숙하지 않은 사람이라도 편히 먹을 수 있는 맛"이라는 마스기 씨. / 사진 오른쪽 위는, 립 로스로 제공하는 어깨쪽 부분의 고기. / 두툼하게 잘라낸 돼지고기는, 확실하게 힘줄을 끊어준 후 튀김옷을 묻힌다. 두드리거나, 소금을 뿌리거나 하지 않고, 고기 본연의 맛과 식감을 전면에 내세우는 것이 히나타 스타일이다. 돼지고기에 가루와 달걀을 순서대로 묻힌 후, 굵은 것과 가는 것 두 종류를 블렌드한 빵가루를 묻혀 프라이어로. / 튀김기름은 식물성기름에 한방돈의 라드를 섞은 것으로, 계절에 따라 배합을 바꾸고 있다. 상 립 로스의 경우, 튀기는 시간은 6~7분, 그러고 나서 튀김망에 4분 정도 놓아 기름을 빼면서 여열로 완성한다. / 가게 안은 따뜻함이 느껴지는 일본풍 디자인. 객석은 L자형의 카운터석으로만 이루어진 심플한 설계. / 사진 왼쪽 아래는, 프로듀서인 마스기 다이스케(오른쪽) 씨와 주방을 이끌고 있는 마에나카 유키치前中雄吉 씨.

메뉴 (발췌)

가스레쓰 2,700엔
바닷장어프라이 3,780엔
보리멸프라이 3,780엔
관자프라이 3,780엔
새우고로케 3,700엔
오징어프라이 2,700엔
보리새우프라이 시가
텅스튜(단시추) 4,320엔
비프스튜 4,320엔
포크소테 3,780엔
채소샐러드 1,080엔

술안주 (사케자카나)
피조개 2,700엔
오징어 2,700엔
전복찜 시가

밥, 아카다시, 오신코 540엔

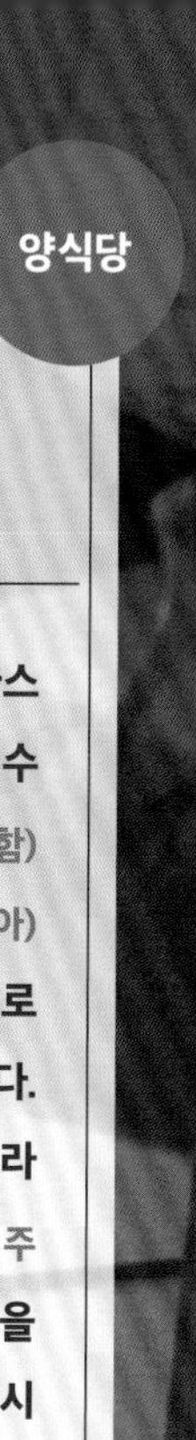

양식당

폰타혼케

도쿄 오카치마치

1905년에 창업한 폰타혼케. 명물인 가스레쓰의 평판으로 돈가스집이라 생각될 수도 있으나, 당시 궁내성(궁중사무를 관장함) 다이젠大膳(옛날에 궁중의 식사를 맡은 관아)에서 서양요리를 담당했던 시마다 신지로島田信二郎 씨가 개업한 분명한 양식당이다. 따라서 돈가스가 아닌 가스레쓰カツレツ라 부르고, 단시추タンシチュ(텅스튜, 소 혀를 주재료로 한 스튜) 등 '밥에 어울리는 양식'을 갖추고 있다. 현재는 4대째인 시마다 요시히코 씨가 형제끼리 가게를 운영하며, 역사 있는 노포의 전통을 지켜나가고 있다.

【폰타혼케】의
돈가스 생각

돼지고기를 충분히 닦아서 '생명'인 라드를 끓인다. 명물 가스레쓰를 만들어낸 노포의 업무.

폰타혼케의 가스레쓰는 '특별한 날의 식사'라고 부르기에 알맞은, 가정에서는 흉내낼 수 없는 아이디어와 기술이 결집한 일품이다. 먼저, 돈가스라고 하기엔 하얀색의 외양에서 깜짝 놀라게 되나, 한입 먹고 나서는 더 놀라게 된다. 안심같이 지방육의 존재를 전혀 느낄 수 없지만, 맛은 등심의 바로 그 맛. 대부분 살코기이면서 깊은 맛도 갖추고 있다.

"등심 덩어리에서 지방육과 힘줄을 철저하게 제거하고, 이른바 '로스심' 만을 가스레쓰로 사용하고 있습니다"라고 말한 것은 4대째인 시마다 요시히코 씨. 지방육과 살코기는 익는 속도가 서로 다르기 때문. 아끼지 않고 대범하게 트리밍하여 살코기만 남기면, 균일하고 고르게 익힐 수 있는 것이다. 살코기뿐이라 담백하지만, 그 대신 직접 만든 신선한 라드로 튀겨 깊은 맛과 향을 더한다.

"프라이에 있어서 기름은, 어떤 의미에선 '생명'입니다. 스시의 샤리(초밥용 밥)와 마찬가지입니다. 샤리가 좋지 않으면, 질 좋은 네타(초밥 위에 얹는 재료)를 얹더라도 맛있는 스시가 될 수 없습니다. 우리 가게의 프라이는 가게에서 직접 끓여 만든 라드가 아니고서는 우리만의 것이 될 수 없습니다."

가스레쓰는 120~130℃에서 튀기기 시작하여, 서서히 기름 온도를 올려가며 진득하니 고기에 열을 가한다. 여열로 익히는 시간은 두지 않고, '튀김'만으로 완성시키는 것도 이 가게의 스타일. 이러한 독자적인 레시피가 사실은 100년 넘게 이어져, 변하지 않은 스타일의 기술을 현재에 전하고 있는 것이다.

메뉴에는 바닷장어프라이와 보리멸프라이, 관자프라이 등 일반적인 양식당과 돈가스집에서는 볼 수 없는 어패류 프라이도 있다. 공통되는 것은 덴푸라에 사용하는 소재, 즉 '덴다네(덴푸라 전문점에서 사용하는 재료)'로 사용되는 재료라는 점. 어패류 대부분을 고급 덴푸라집 납품업자로부터 매입하고 있다.

"전통적인 식문화로서 또 장사하는 입장에서, 덴푸라를 의식하고 있기도 해요. 역대 가게 주인도 그랬고, 저도 초보 시절에 선배의 덴푸라집에서 배운 적도 많이 있습니다. 부친께도 '덴푸라집에서는 보리멸을 봐야 한다. 보리멸을 다루는 방법을 보면 가게의 격을 알 수 있다'라고 가르침을 받았어요"라고 말하는 시마다 씨는 이렇게 또 이어간다.

"시대의 흐름 속에서 덴푸라는 고급화되었지만, 가스레쓰 등의 양식은 대부분 대중화되었습니다. 그래도 우리는 창업 이래의 '특별한 날의 식사'라는, 우리의 자리를 지키면서 앞으로도 역사를 이어가고 싶습니다."

【폰타혼케ぽん多本家】
東京都台東区上野 3-23-3
03-3831-2351

❶ JR오카치마치역에서 그리 멀지 않은 장소에 가게를 꾸렸다. 멋들어진 위풍당당한 풍취이다. ❷ 쇼와 후반부터 헤이세이 15년까지 사용된 메뉴표에는 지금과 거의 다를 것 없는 가게의 대표요리가 적혀 있다. ❸ 1층은 카운터석, 2층은 테이블석으로만 되어 있다. ❹ 가게 안 한쪽에 장식된 양식기 컬렉션. 오쿠라토엔 시대의 것이다.

간토산만을 대상으로 선정.
살코기의 질감, 맛을 최우선으로.

군마현, 치바현, 토치기현 등에서 생산된 간토関東산 생돼지고기를 매입한다. "옛 감각 그대로, 간사이関西는 소, 간토는 돼지라고 하는 식문화의 이미지가 저 자신에게도 익숙해서요"라는 시마다 씨. 또한 "특정 브랜드로 제한해버리면, 그 돼지의 상태가 나쁠 때 대응이 어렵다"는 생각에서, 브랜드에 고집하지는 않는다. 지방육을 포함한 고기 전체의 질이 아닌, 살코기의 질을 최우선하여 선택하는 것도 특징이다. 물론, 이른바 '물돼지'는 금물인데 "겨울보다도 여름에 더 물컹거린다"라는 것이 시마다 씨의 경험담. 납득할 수 있는 육질이 아니면 다른 산지로 바꿔버리는 등 업체를 통해 임기응변하고 있다.

설탕을 사용하지 않은 굵은 생빵가루.
튀기는 방법과 기술이 합쳐져 하얀색으로.

가루는 박력분을 선택. 빵가루는 설탕을 사용하지 않아 당분을 줄인 굵은 생빵가루를 쓰고 있다. 이 빵가루의 특성과 비교적 저온에서부터 튀기기 시작하는 조리법이 서로 어울려, 두꺼운 빵가루는 바삭바삭함을 내고, 튀겨진 색은 옅으며, 잘 만들어졌다는 느낌을 주는 가스레쓰가 완성된다. 예전에는 빵가루도 직접 만들었는데, 세 근(한 근 600g) 분량의 식빵을 사용해 준비했던 시절도 있었다고 한다. 식빵 테두리가 마를 때까지 건조시킨 뒤, 그 테두리를 잘라내고 남은 부분을 뜯어 체에 내렸다고 한다. 빵은 온도와 습도의 영향에 민감하기 때문에, 적당하게 건조시키는 것이 어렵고, 적잖은 수고가 들어가는 작업이었다고 한다.

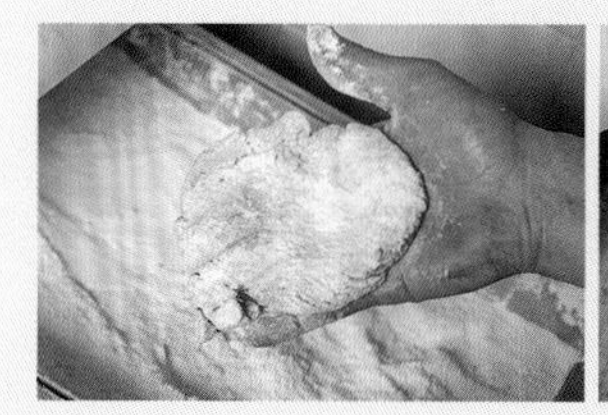

직접 끓여 만든 라드로
깊은 맛과 향을 더한다.

창업 당시부터 일관되게 직접 만든 라드를 사용해왔다. 34쪽에 자세히 설명해놓았는데, 등심에서 잘라낸 지방육에 아주 소량의 소 지방육을 섞은 뒤 공들여 끓여 기름을 추출한다. 그것을 걸러서 남은 찌꺼기는 매셔로 짜는 등, 품과 시간을 들여 불순물 없는 멀건 황금색 라드를 완성한다. 직접 만들어 신선한 라드는 향도, 진한 맛도 참으로 풍부하다. "지방육이 붙은 돼지고기를 이 기름에 튀기는 것은 금물이에요. 기름이 바로 산화해버리기 때문입니다. 반면에 살코기만 튀기는 우리 가게의 가스레쓰와는 궁합이 월등하게 좋습니다." 한편 프라이의 조리는 스테인리스냄비 또는 프라이팬에서 한다.

제공
방법

식기와 곁들임도 노포다운 연출.
우스터소스도 직접 만들어.

요리는 오쿠라토엔 접시에 담아 제공. 양식다움과 대접받는 느낌을 주는, 노포다운 연출이다. 또한, 가스레쓰에는 채 썬 양배추가 곁들여지나, 바닷장어프라이에는 직접 만든 드레싱에 버무린 양상추를 제공하는 등 메뉴에 따라 곁들임을 바꾸고 있다. "프라이는 처음 한 조각은 그냥 드셔보셨으면 합니다. 거기서 간을 보시고, 취향에 맞는 소스나 겨자를 사용하시면 어떨까요?"라는 시마다 씨. 테이블에는 우스터소스와 갠 겨자 외에 케첩 등도 준비되어 있다. 우스터소스는 직접 만든 것으로 "깔끔하고 묵직하지 않은, 질리지 않는 맛"이다.

가스레쓰 200g

지방육과 덧살을 철저하게 제거한 '로스심'만을 튀기는 호화로운 일품.
등심육 살코기가 지닌 감칠맛, 육즙, 부드러움이 두드러진다.
등심육의 심만으로 가공하는 한편, 직접 만든 라드로 감칠맛을 보충하여 깊이 있는 맛으로.

조리의 흐름

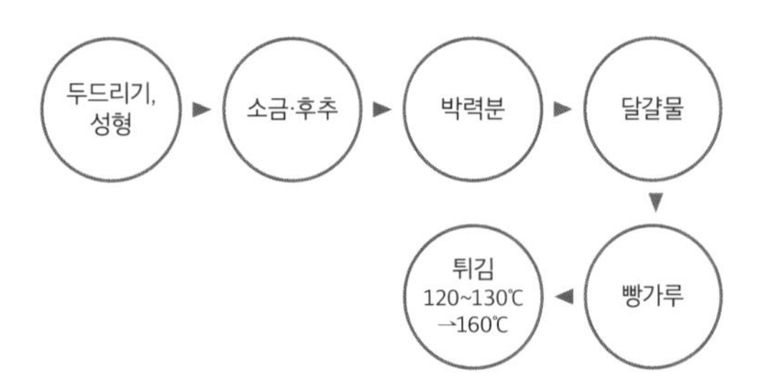

재료 (1접시분)

돼지고기 등심육(26쪽 참조) 1장(200g)
소금·흰후추 적량
박력분 적량
전란(곱게 푼 것) 적량
빵가루 적량
튀김기름(주로 라드/34쪽 참조) 적량
곁들임: 채 썬 양배추, 파슬리, 감자프라이

만드는 방법

튀김옷은 얇은 색감.
육즙이 넘치는 로스심.

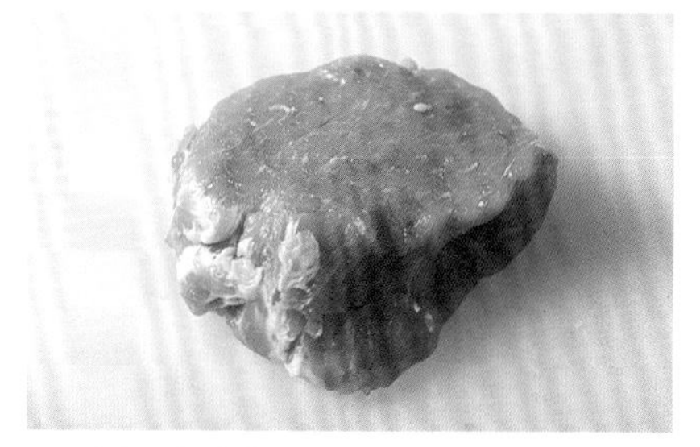

❶ 지방육과 덧살을 제거한 로스심만으로 작업한 등심육을 준비한다.

❷ 등심육을 고기망치로 확실하게 두드린다.

❸ 두께가 나오도록 형태를 잡고, 한쪽 면에 소금과 흰후추를 뿌린다. 소금과 흰후추를 뿌린 면을 '앞면', 반대쪽 면을 '뒷면'이라 정하고 이후의 과정으로 넘어간다.

❹ 고기의 앞면을 위로 향하게 하여 박력분을 전체에 묻히고 손으로 털어 여분의 가루를 떨어낸다.

❺ 곱게 저어 풀어놓은 전란(달걀물)에, 앞면이 밑으로 가게 하여 젓가락으로 버무리고, 여분의 달걀물을 떨어낸다.

❻ 빵가루를 듬뿍 묻히고 앞면을 위로 향하게 바트에 놓는다.

❼ 120~130℃의 튀김기름에 앞면을 위로 하여 넣고, 튀김옷이 굳을 때까지 튀긴다. 튀김옷이 벗겨지기 쉬우므로, 그사이엔 건드리지 말 것.

❽ 튀김옷이 굳었다면 뒤집고, 그대로 온도를 서서히 올려 총 10분간 튀긴다. 그사이에 불순물 같은 잔 기포가 떠오르면 적당히 건져낸다. 다 튀겨졌을 때의 기름의 온도는 160℃.

❾ 튀김망을 깔아놓은 바트에 놓고 기름을 뺀다. 이때 일정시간 휴지시켜 의식적으로 여열로 익히는 일은 하지 않는다. 한입 크기로 잘라서 접시에 담는다.

조리의 포인트

1 로스심을 사용한다

지방육과 덧살을 제거하여, 로스심만 사용한다. 지방육과 살코기는 익는 속도가 서로 다르나, 지방육을 제거한 상태이므로 일정시간에 균일하게 익히는 것도, 살코기의 타이밍에 맞추어 튀김을 마치는 것도 가능하다.

2 고기의 섬유질을 풀어준다

고기망치로 두드려 섬유질을 풀어주어, 육질을 부드럽게 하는 동시에 고루 익을 수 있게 한다.

3 저온에서부터 튀기기 시작한다

120~130℃의 튀김기름에 고기를 넣고, 조금씩 천천히 160℃까지 온도를 올린다. "튀김옷 속에서 고기를 쪄서 익히는 듯한 느낌"(시마다 씨)으로 진득하게 익혀간다. 기름에서 건져올렸을 때의 단계에서 95% 이상 익은 상태로 하여, 바트에 옮기고 나서는 기름을 살짝 빼는 정도로만.

4 한입 크기로 자른다

'먹기 편하게'를 의식하여, 가로로 절반 자르고 나서 같은 간격으로 세로로 칼을 넣어, 한입 크기로 자른다. 지방육이 붙어 있는 고기의 경우, 이 방법으로 자르면 각 조각별로 살코기와 지방육의 밸런스가 달라 지방육만 많은 부분도 생길 수 있으나, 로스심만으로 하기 때문에, 어디를 먹더라도 일정한 맛을 즐길 수 있다.

바닷장어프라이

이케지메活〆(살아 있는 상태에서 숨을 끊어 선도를 유지시키는 방법)해서 선도가 좋고, 둥글고 두꺼운 바닷장어의 살은 폭신하고 촉촉하다. 약간 높은 온도에서 적절하게 뒤집어가면서 튀겨, 양면에 골고루 열을 가한다. 라드로 깊은 맛을 더하여, 덴푸라와는 다른 프라이의 맛이 드러난다.

조리의 흐름

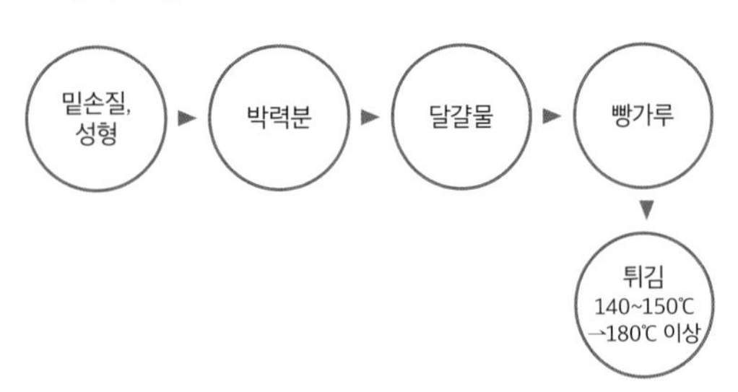

재료 (1접시분)

바닷장어(이케지메) 2마리
박력분 적량
전란(곱게 푼 것) 적량
빵가루 적량
튀김기름(주로 라드/34쪽 참조) 적량
곁들임: 양상추(드레싱에 버무린 것), 토마토, 파슬리, 레몬

만드는 방법

폭신하고, 촉촉한
두툼한 살의 바닷장어.

❶ 바닷장어는 송곳으로 찔러 고정하고 아가미 밑쪽으로 칼을 넣어 등쪽부터 갈라 펼친다.

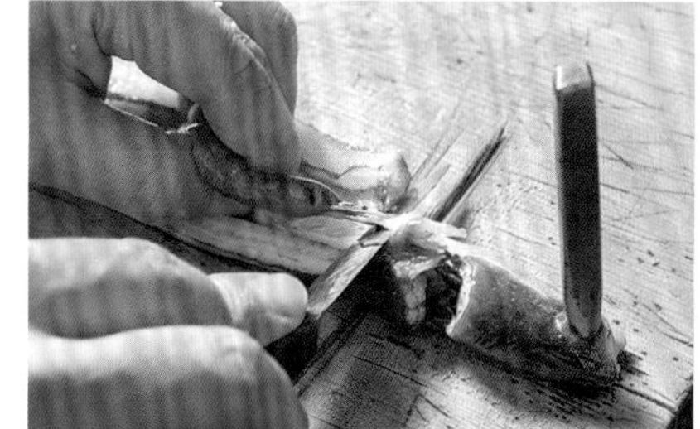
❷ 내장을 제거한다.

❸ 중골을 잘라내고, 대가리를 자른다.

❹ 배쪽 부위를 키친타월로 닦는다.

❺ 박력분을 묻히고 손으로 털어 여분의 가루를 떨어낸다.

❻ 껍질쪽을 밑으로 하여 젓가락을 사용해 곱게 푼 전란(달걀물)을 묻히고 여분의 달걀물을 떨어낸다.

❼ 빵가루를 듬뿍 묻히고 껍질쪽을 밑으로 하여 바트에 놓는다.

❽ 140~150℃의 튀김기름에 껍질쪽을 밑으로 하여 넣고, 튀김옷이 굳을 때까지 튀긴다. 튀김옷이 벗겨지기 쉬우므로 그사이엔 건드리지 말 것.

❾ 튀김옷이 굳었다면 적당히 뒤집고, 서서히 온도를 올려가며 약 7분간 튀긴다. 다 튀겨졌을 때의 기름의 온도는 180℃ 이상. 튀김망을 깔아놓은 바트에 놓고 기름을 뺀다. 잘라서 접시에 담는다.

조리의 포인트

1 선도가 좋은 상태일 때 조리

이케지메한 선도가 좋은 바닷장어를 사용. 숨을 끊고 나서 잠시 동안 몸이 축 늘어져 있는 상태일 때 손질하여 조리한다. 시간이 흐르면 살이 경직된다.

2 동물성기름의 풍미를 플러스

튀김기름으로는 가스레쓰와 마찬가지로 라드를 사용. 동물성기름으로 깊은 맛을 더하고, 덴푸라와는 다른, 빵가루와 함께 프라이한 바닷장어의 맛을 강조한다.

3 중간~고온으로 튀긴다

껍질쪽을 확실하게 익히기 위해, 또 바닷장어 특유의 냄새를 제거하기 위해 가스레쓰보다는 센 온도에서 튀겨야 한다. 가스레쓰보다 더 높은 140~150℃의 튀김기름에 투입하여, 180℃ 이상이 될 때까지 점차적으로 온도를 올려가면서 튀긴다.

4 적당히 뒤집어가면서 균일하게 익힌다

껍질쪽과 살쪽은 익는 속도가 서로 다르기 때문에, 적당히 뒤집어가면서 골고루 익힌다. "튀김옷 속에서 살이 쪄지고, 그 상태가 최고조에 달하면 살과 껍질 사이에서 피식 하고 소리가 나기 시작한다"는 시마다 씨. 그 소리가 튀김이 종반부로 돌입했다는 신호로, 그때부터 조금 더 튀기면 조리 완료.

보리멸프라이

에도마에스시의 기본 재료인 보리멸을 세 마리 튀겨서 한 접시에. 보리멸은 선도가 좋고, 탄탄하며 두툼한 것을 사용.
꼬리에 살이 두 장 매달린 듯한 독특한 형태도 폰타혼케 스타일. 확실하게 열을 가해
여분의 수분을 빼주어, 담백한 맛이 응축된 보리멸 본연의 맛을 강조.

조리의 흐름

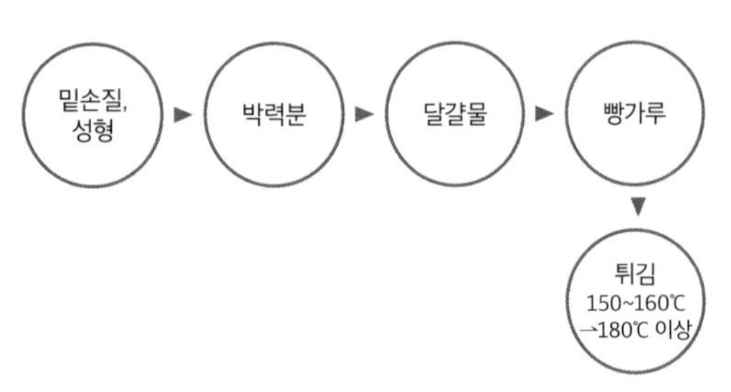

재료 (1접시분)

보리멸 3마리
소금물 적량
박력분 적량
전란(곱게 푼 것) 적량
빵가루 적량
튀김기름(주로 라드/34쪽 참조) 적량
곁들임: 양상추(드레싱에 버무린 것),
토마토, 파슬리, 레몬

만드는 방법

도톰한 보리멸의 살.

❶ 보리멸은 칼로 비늘을 긁어내고, 대가리를 자른다.

❷ 배에 칼을 살짝 넣어 가르고, 내장을 긁어낸다. 소금물에 담가 씻고 물기를 닦아낸다.

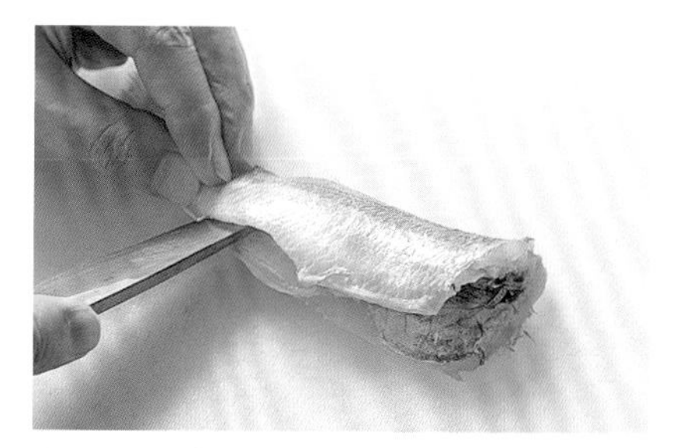
❸ 중골을 따라 꼬리쪽까지 칼을 넣는다.

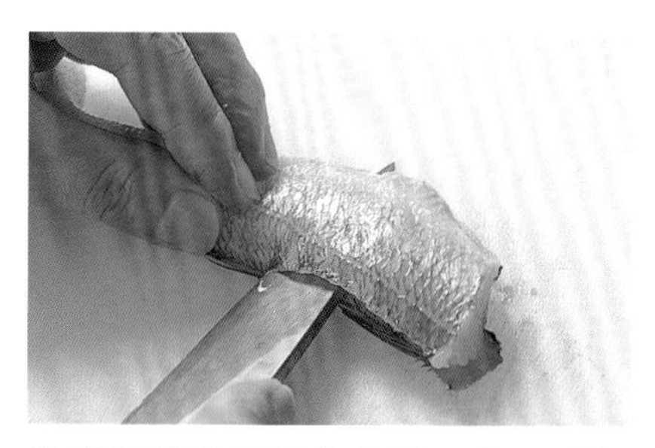
❹ 뒤집어서 반대쪽도 ❸과 같은 요령으로 칼을 넣는다. 세 장 뜨기 하는 식으로 배에서부터 등까지 칼을 관통하여, 중골과 양측 살을 각각 잘라 뗀다. 단, 꼬리는 붙어 있는 채로 놓아둔다.

❺ 꼬리가 붙은 채로 중골을 잘라내고, 계속해서 갈비뼈를 저며낸다. 꼬리를 잡고 들어올리면, 꼬리밑으로 살이 두 장 매달려 있는 상태가 된다.

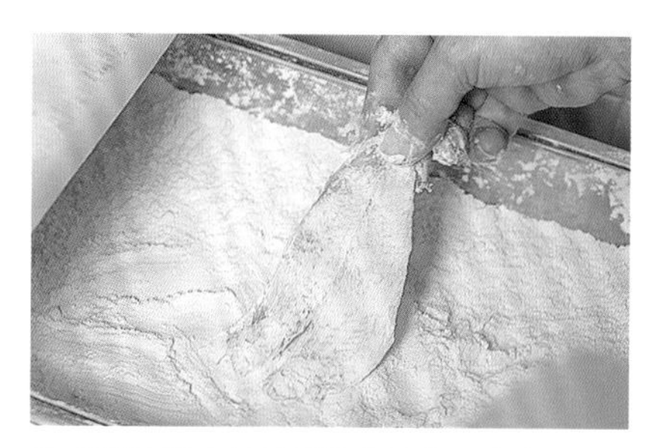
❻ 꼬리를 잡고 살이 펼쳐진 상태로 하여, 박력분을 묻힌다. 손으로 털어 여분의 가루를 떨어낸다. 살이 펼쳐진 그대로, 껍질쪽을 밑으로 하여 곱게 푼 전란(달걀물)에 묻히고 여분의 달걀물을 떨어낸다.

❼ 빵가루를 듬뿍 묻히고 껍질쪽을 밑으로 하여 바트에 놓는다.

❽ 150~160℃의 튀김기름에 껍질쪽을 밑으로 하여 넣고, 튀김옷이 굳을 때까지 튀긴다. 튀김옷이 벗겨지기 쉬우므로 그사이엔 건드리지 말 것.

❾ 튀김옷이 굳었으면 적당히 뒤집고, 서서히 온도를 올려가면서 약 4분간 튀긴다. 다 튀겨졌을 때의 기름의 온도는 180℃ 이상. 튀김망을 깔아놓은 바트에 놓고 기름을 뺀 뒤 접시에 담는다.

조리의 포인트

1 동물성기름의 풍미를 플러스

튀김기름으로는 가스레쓰와 마찬가지로 라드를 사용. 동물성기름으로 깊은 맛을 더하고, 덴푸라와는 다른, 빵가루와 함께 프라이한 보리멸의 맛을 강조한다.

2 중골을 기준으로 양측 살을 잘라 뗀다

덴푸라에서는 등에서부터 갈라 한 장으로 펼쳐진 상태로 만드나, 이곳에서는 세 장 뜨기의 요령으로 칼을 넣고 양측 살을 완전히 잘라 분리한다. 이 방법이 부드럽게 부푼 듯 튀겨진 살의 식감을 보다 잘 느낄 수 있다고 한다.

3 중간~고온에서 튀긴다

보리멸은 수분량이 많고 맛이 담백하다. 그래서 확실하게 수분을 빼고 감칠맛을 응축시키기 위해서, 가스레쓰보다는 더 센 온도로 튀겨야 한다. 가스레쓰보다 높은 150~160℃의 튀김기름에 투입하여, 180℃ 이상이 될 때까지 점차적으로 온도를 올려가면서 튀긴다.

4 적당히 뒤집어가면서 균일하게 익힌다

껍질쪽과 살쪽은 익는 속도가 서로 다르기 때문에, 적당히 뒤집어가면서 골고루 익힌다. 또한, 튀길 때에는 작업의 효율성 등을 고려하여 냄비가 아닌 얕은 프라이팬을 사용한다.

관자프라이

개량조개의 관자는 가키아게(해산물과 채소를 잘게 잘라 뭉쳐 튀긴 것)에 사용되는 등, '코바시라小柱(작은 관자)'라는 이름으로 덴푸라에서는 일반적인 재료. 이것을 독특한 조리법으로 한 덩이로 만들어 고온의 라드에 단숨에 튀긴다. 바삭하게 부서지는 리드미컬한 식감에, 살짝 레어로 완성시킨 조개 관자만의 찰진 느낌이 더해져 입속을 즐겁게 한다.

조리의 흐름

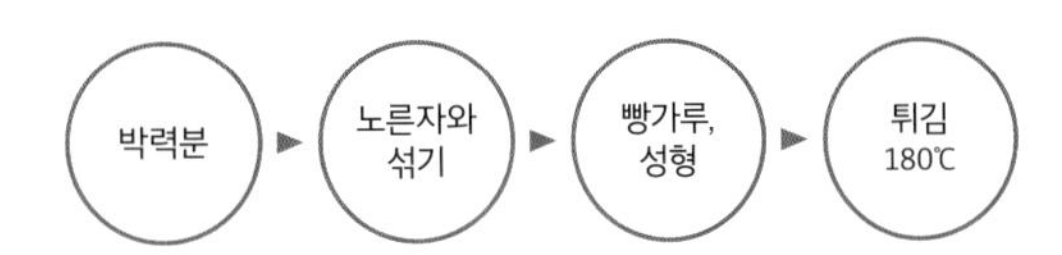

재료 (1접시분)

개량조개의 관자 적량
박력분 적량
달걀노른자 적량
빵가루 적량
튀김기름(주로 라드/34쪽 참조) 적량
곁들임: 채 썬 양배추, 파슬리, 레몬

만드는 방법

스르륵 부서져,
레어로 익힌 살이 드러난다.

❶ 개량조개의 관자를 준비한다. 사진과 같은 상태에서 조리를 시작한다.

❷ 관자에 박력분을 묻힌다.

❸ 달걀노른자를 넣은 볼에 관자를 넣고, 무침을 하듯 뒤섞는다.

❹ 사진과 같이 가루가 보이지 않고, 관자에 확실하게 달걀노른자가 코팅될 때까지 섞는다.

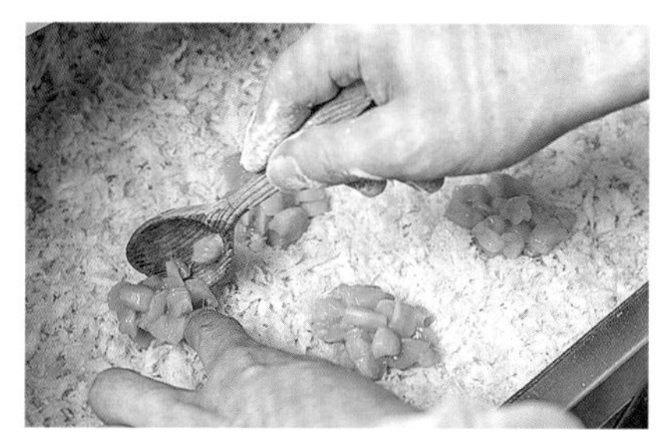

❺ 스푼을 사용해 적당량씩 나누어 빵가루 위에 놓는다.

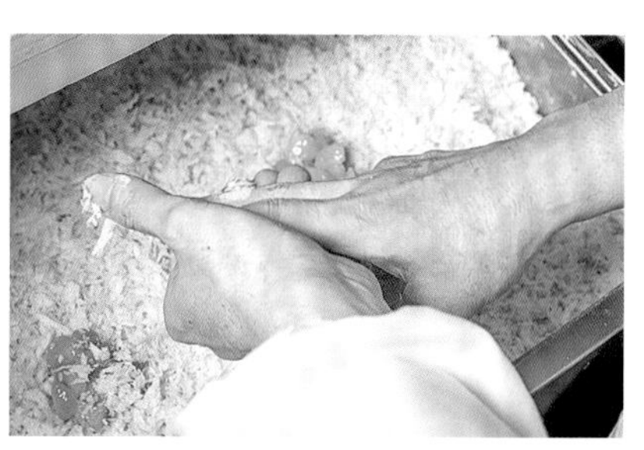

❻ 소분한 관자를 빵가루째 손으로 떠서, 스시를 쥐듯이 동그랗게 성형하면서 빵가루를 빈틈없이 묻힌다.

❼ 사진은 성형하여, 빵가루를 묻힌 상태. 이것을 한 접시에 다섯 개 사용한다.

❽ 180℃의 튀김기름에 넣고 1분 정도 튀긴다. 그사이에 튀김옷이 벗겨지지 않도록 주의하면서 여러번 뒤집는다.

❾ 튀김망을 깔아놓은 바트에 놓고 기름을 뺀 뒤 접시에 담는다.

조리의 포인트

1 독특한 튀김옷으로 뭉친다

전란이 아닌 달걀노른자를 사용. 박력분을 묻힌 관자와 노른자를 버무려 튀김옷을 빈틈없이 묻히고, 관자끼리의 접착력을 높인다.

2 동물성기름으로 풍미를 플러스

튀김기름으로는 가스레쓰와 마찬가지로 라드를 사용. 동물성기름으로 깊은 맛을 더하고, 덴푸라와는 다른, 빵가루와 함께 프라이한 관자의 맛을 강조한다.

3 고온, 단시간에 튀긴다

재료의 풍미와 식감을 살리기 위해, 살짝 레어로 완성하는 것을 목표로 하면서 조리. 180℃의 고온의 튀김기름에 넣고, 1분 정도만 살짝 튀겨낸다.

메뉴 (발췌)

〈점심〉
치킨가스* 1,030엔
새우프라이* 1,300엔
믹스프라이* 1,340엔
굴프라이* 1,340엔
아키타산돈 로스가스카레 1,600엔
와규 테일 하야시라이스 1,850엔

* 빵 또는 라이스, 컵 수프 포함

〈저녁〉

아 라 카르트
푸아그라 소테와 옥수수 갈레트 1,800엔
가리비, 대게, 아보카도 타르타르와 훈제연어 1,800엔
아키타산돈 로스가스, 히레가스 각 1,400엔
햄버그 스테이크와 데미글라스 소스, 베이컨 에그 2,000엔
꿀과 레드와인으로 조린 와규 볼살 2,200엔
콩피한 오리다리 텅스튜 감자와 버섯 2,200엔
와규 텅스튜와 수타 파스타 3,600엔

코스 4,800엔~

양식당

레스토랑 시치조

도쿄 간다

1979년에 개업한 레스토랑 시치조. 현재는 프랑스요리로 유명한 가게 기타지마테이北島亭에서 수업을 받은 시치조 기요타카 씨가 부친의 뒤를 이어 점심에는 양식, 저녁에는 비스트로 요리를 제공하는 스타일로 진화시켰다. 2013년에 간다로 이전했으나 변함없는 인기를 이어갔고 그중에서도 합리적인 가격에 즐길 수 있는 점심시간에는 대기줄이 끊이지 않는다. 프라이도 높은 평가를 받고 있으며, 대중적인 요리에도 유명 식당에서 단련한 기술이 돋보인다.

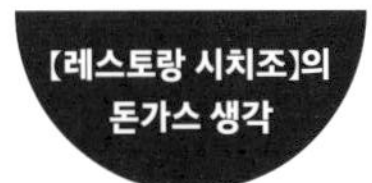

레스토랑의 시각으로 돈가스의 질을 향상시킨다.
저녁 한정으로 제공되는 두툼하게 자른 숙성돈 메뉴.

"돼지고기는 숙성과 소금으로 맛있어집니다." 이렇게 말하는 주인공은 점심은 양식, 저녁은 비스트로 요리를 제공하는 레스토랑 시치조의 점주 시치조 기요타카 씨. 프랑스요리 수업도 받은 시치조 씨는 돈가스에도 남다른 고집을 갖고 레스토랑만의 접근 방식으로 이상적인 맛을 추구하고 있다.

그 방식은 시치조 씨가 서두에 한 말에 들어 있는 숙성과 소금. 매입한 돼지고기는 미트랩 등에 싸서 냉장고에 수일 동안 넣어 숙성시킨다. "알맞게 수분이 빠져 살결이 촘촘하고 쫄깃한 질감이 되면 사용할 타이밍이에요. 색은 살짝 검게 변합니다만, 감칠맛이 응축되어 맛이 좋아지는 동시에 부드러워집니다"라는 시치조 씨. 게다가 한 접시 분량씩 나누어 성형한 고기는 양면에 소금을 뿌려 10분 정도 놓아둔다. 여기에서 소금의 역할은 밑간뿐만 아니라 탈수를 돕는 데 있다. 사전에 해둔 숙성과 튀기기 직전의 이 작업으로 돼지고기의 수분을 철저하게 뺄 수 있는 것이다. 한편 성형 방법도 독특하다. 일반적으로 로스가스는 고기의 표면에 촘촘하게 칼을 넣어 힘줄을 끊지만 시치조 씨는 네 군데에만 깊은 칼집을 넣는다. "제가 하는 힘줄 자르기의 목적은 튀기는 동안 고기가 수축되지 않게 하는 데 있습니다. 네 군데만 자르면 충분하며, 그 이상 고기에 상처를 낼 필요는 없습니다."

튀김옷은 '얇은 튀김옷'을 염두에 두고 '가루→달걀물'을 2회 반복하여 고기를 확실하게 코팅시킨다. 라드의 풍미를 더해가며 6~7분 튀겨, 완성 단계에서 단시간 휴지시킨다. 완성된 돈가스는 적당한 튀김색을 띠고 고운 빵가루가 곧게 서 있는 가벼운 인상을 준다.

단, 로스가스는 저녁에만 있는 메뉴. 점심에는 로스가스카레용으로, 숙성육이 아닌 신선한 돼지고기를 사용한 얇은 로스가스를 준비한다. 그 이유는 점심시간의 조리 오퍼레이션에 있다. 점심때에는 손님이 찾아와 끊임없이 프라이어를 풀회전시킬 필요가 있기 때문에, 메뉴별로 기름 온도를 조절하거나 튀김 시간을 관리하는 것이 어렵다. 그래서 점심의 프라이 메뉴는 180℃의 라드에서 2분~3분 30초 정도로 튀겨지는 것을 전제로 하여 설계했다. 튀기는 시간은 "인기가 가장 많은 새우프라이의 2분 30초~3분 30초가 기준"이라고 한 것은 실로 양식당답다. 6~7분 튀겨야 하는 두툼한 로스가스는 저녁에 방문한 손님만의 즐거움이라는 특별한 느낌과 이 식당만의 맛이 서로 어우러져 돈가스 팬들의 탄성을 자아내는 숨은 인기 메뉴로 자리 잡았다.

【레스토랑 시치조レストラン 七條】

東京都千代田区内神田 1-15-7
03-5577-6184

❶ 도쿄 간다의 빌딩가 골짜기에 따뜻한 등불을 밝혔다. ❷ 가게 안은 화이트와 나뭇결을 기본으로 한 심플한 디자인으로, 룸으로 사용할 수 있는 공간도 준비해놓았다. ❸ 메인 홀은 한쪽 면이 벤치로 되어 있는 테이블석과, 활처럼 휘어 있는 카운터석으로 구성. ❹ 붉은 테이블보와 일본식과 양식을 절충시킨 오브제가 화사함을 더한다.

아키타산 브랜드 돼지고기를 가게에서 숙성.
탈수시켜 고기 맛을 응축.

등심, 안심 모두 아키타산 브랜드 돼지고기(아키타 코마치 포크)를 선택. 등심은 지방육이 박혀 있는 어깨쪽 부분은 소테로, 그 이외의 부분은 돈가스로 사용한다. “돼지고기는 숙성이 매우 중요합니다. 숙성을 시키는 동시에 적당히 수분을 빼준 후 사용합니다”라는 시치조 씨. 33쪽에 자세히 소개한 대로, 매입한 고기는 기본적으로 등심은 미트랩으로 싸서 1주일 정도, 안심은 탈수시트에 싸서 1~2일 둔다. 적당하게 숙성이 진행되면, 진공팩 상태로 보관한다. 또한 오퍼레이션의 문제 등으로 두툼하게 잘라낸 숙성돈 단품요리인 로스가스는 저녁에만 제공한다.

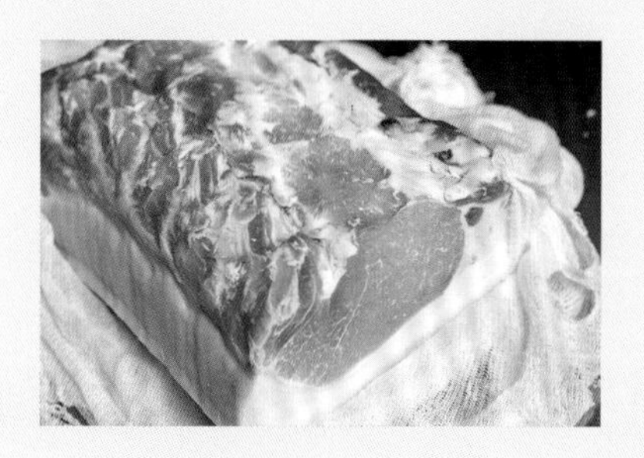

강력분→달걀물 2회로,
너무 두껍지도 얇지도 않은 튀김옷으로.

“박력분과 비교해 강력분이 튀김옷을 얇게 만들기 쉽다”(시치조 씨)라는 생각에서 강력분을 선택했다. 같은 이유로 달걀물은 소량의 물을 더해 묽게 하여 걸죽하지 않은 점도로 조정한다. 단, 돈가스는 튀기고 있는 동안에 고기에서 나오는 수증기로 인해 튀김옷이 풀려버리지 않도록 가루→달걀물의 작업을 2회 행한다. 최종적으로 너무 두껍지도 얇지도 않은 적당한 두께의 튀김옷이 되도록 한 번 한 번 얇게 묻혀야 한다는 것을 염두에 두어야 한다. 또한 빵가루는 당분이 적고 입자가 고운 생빵가루를 선택해서 가벼운 식감이 들게 완성했고, 색이 진하게 나지 않는 것도 특징이다.

프라이에 있어서 기름은 조미료.
180℃의 라드로 프라이 전 메뉴에 활용.

튀김기름으로는 모든 프라이에 라드를 사용한다. “프라이에 있어서 기름은 조미료라고 생각합니다. 제가 추구하는 맛에 대해 생각했을 때 라드가 딱 떠올랐습니다. 기름기가 잘 빠진다는 특징도 있습니다”라는 시치조 씨. 프라이어에서 조리를 하는데, 라드의 온도는 항시 180℃로 유지한다. 이 온도에서 다 튀겨질 수 있도록 재료의 크기와 형태, 튀기는 시간 등을 조절한다. 단, 두툼하게 자른 고기의 경우에만, 단시간이긴 하나 여열로 익히는 시간을 둔다. 매일 영업 후, 프라이어에서 라드를 빼서 종이에 거른 다음 상태를 확인한다. 산화가 상당히 진행되어 있으면, 새로운 라드로 교체한다.

제공
방법

6종의 채소로 만든 콜슬로로
색감 좋게. 작업도 매끄럽게.

양배추만이 아닌 곁들임의 보기 좋은 색감이 양식당답다. 이전에는 채 썬 양배추를 얹고 거기에 다른 채소를 곁들였으나, 현재는 콜슬로를 접시에 담는 스타일로 변경. 양배추 외의 여러 채소를 채 썰거나, 얇게 잘라 미리 섞어놓아서 주문을 받은 이후의 플레이팅 등의 작업이 수월해졌다고 한다. 테이블 위에는 갠 겨자, 소금, 후추, ‘특급중농소스特級中濃ソース’(유니온)를 준비. 일부 프라이에는 직접 만든 마요네즈에 셰리비네거 등을 배합한, 톡 쏘는 맛의 타르타르소스를 곁들인다.

아키타산돈 로스가스

매입 후 가게에서 1주일 정도 숙성시킨 아키타산 브랜드 돼지고기.
조리 시에도 소금을 뿌려 탈수를 촉진시켜 고기의 감칠맛을 응축시킨다.
고기의 수분량을 감안하여 황금색의 튀김옷은 약간 두툼하게.

조리의 흐름

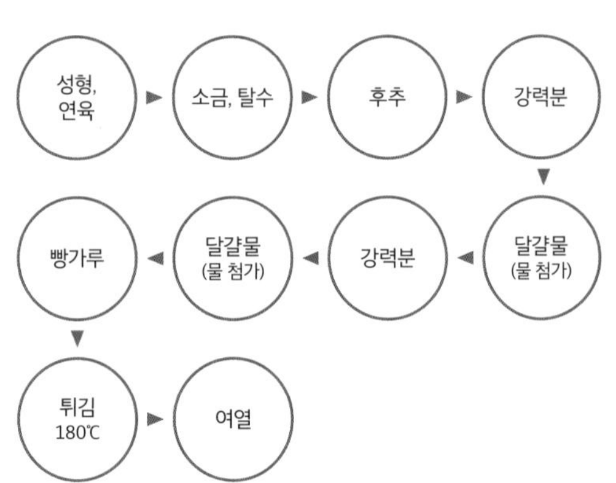

재료 (1접시분)

돼지고기 등심육(33쪽 참조) 손질 후 150g

소금 적량

흰후추 적량

강력분 적량

달걀물* 적량

빵가루 적량

튀김기름(라드) 적량

곁들임: 콜슬로(양배추, 서니레티스, 오이, 당근, 무순, 적양파)

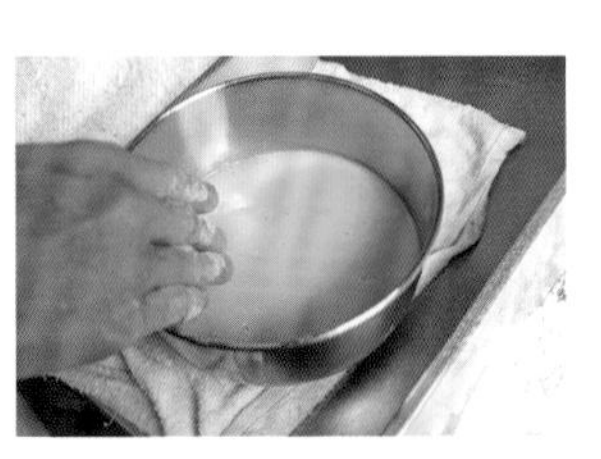

*전란 1개에 물 1큰술을 넣고 거품기로 곱게 풀어 섞는다.

만드는 방법

약간 두툼한 튀김옷으로 고기를 확실하게 코팅.

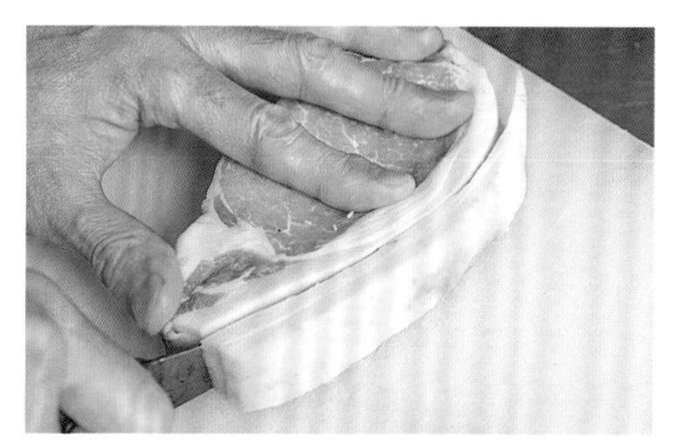

❶ 등심육을 200g 정도로 자르고, 등쪽의 지방육은 적당한 두께를 남기고 잘라낸다.

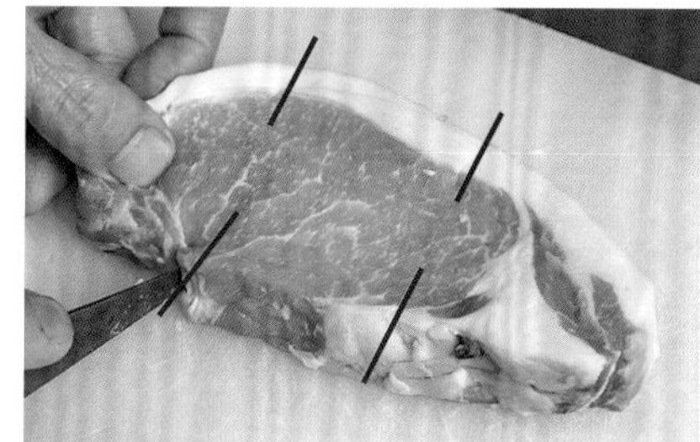

❷ 네 군데(검은 선)를 칼로 잘라 연육한다.

❸ 양면에 소금을 뿌리고, 등의 지방육을 밑으로 하여 바트에 10분 정도 세워둔다. 사진은 10분 후. 고기에서 수분이 나온다.

❹ 행주로 물기를 닦아내고, 양면에 흰후추를 뿌린다.

❺ 강력분을 묻히고 손으로 두드려 여분의 가루를 떨어낸다. 달걀물에 버무리고 여분의 달걀물을 떨어낸다.

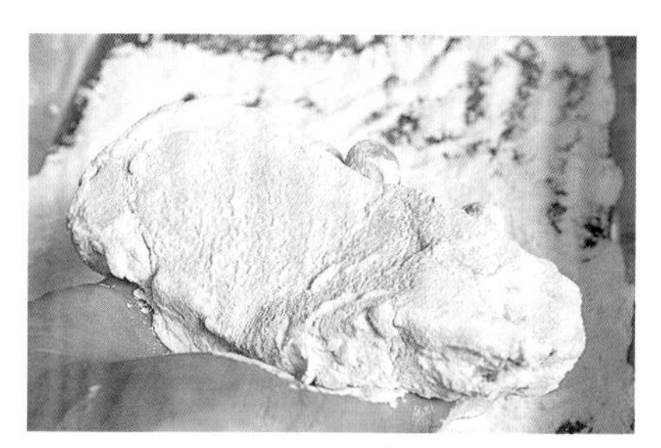

❻ 다시 강력분을 묻히고 손으로 두드려 여분의 가루를 떨어낸다. 달걀물에 버무리고 여분의 달걀물을 떨어낸다.

❼ 빵가루를 빈틈없이 묻힌다.

❽ 180℃의 튀김기름에 넣고 6~7분 튀긴다. 튀기는 동안에는 가능한 한 건드리지 말 것. 튀김이 완성되기 직전에, 지방육이 많은 끝부분만 기름에 잠기도록 하여, 중점적으로 가열한다.

❾ 튀김망을 깔아놓은 바트에 놓고 휴지시켜, 기름을 빼면서 여열로 익힌다. 이 과정은 1분 정도. 키친타월로 덮어 다시 한번 기름을 빼고, 잘라서 접시에 담는다.

조리의 포인트

1 힘줄 자르기는 네 군데만

여기에서 연육의 목적은 고기가 수축되는 것을 방지하여 고기와 튀김옷의 사이에 틈이 생기지 않게 하는 것. 얕은 칼집을 많이 넣는 것이 아니라, 등쪽과 배쪽 각각 두 군데, 총 네 군데를 칼로 확실하게 자른다.

2 소금을 뿌려 수분을 뺀다

고기 덩어리를 밑손질하는 단계에서 어느 정도 수분을 빼두지만, 조리할 때도 소금을 뿌려 탈수를 촉진한다. 고기의 맛을 상승시키기 위한 포인트이다.

3 가루→달걀물은 2회 한다

"튀기는 동안에 고기에서 증발한 수분이 튀김옷에 전달되면, 튀김옷이 물러져 벗겨질 수 있다"(시치조 씨)라는 생각에서 가루→달걀물은 2회 하여 고기를 약간 두툼하게 코팅한다.

4 끝 부분을 중점적으로 가열

등심육의 한쪽 끝은 살코기가 적고, 그 주위로 지방육이 많이 붙어 있다. 지방육은 익는 속도가 낮기 때문에, 지방육으로 덮여 있는 살코기에도 열이 전달되기 어렵다. 그래서 기름에서 건져올리기 직전에 지방육이 많은 끝부분만 기름에 담가 가열하여, 전체적으로 균일하게 익힌다.

아키타산돈 히레가스

가게에서 단시간 숙성시킨 아키타산돈의 안심육을 사용. 불필요한 수분을 철저하게 빼고,
적당한 두께의 튀김옷으로 감칠맛을 가둔다. 한 조각을 45g으로 한 것은 먹기에 편하게 하면서
일정 온도에서 단시간에 튀겨내기 위함이다.

조리의 흐름

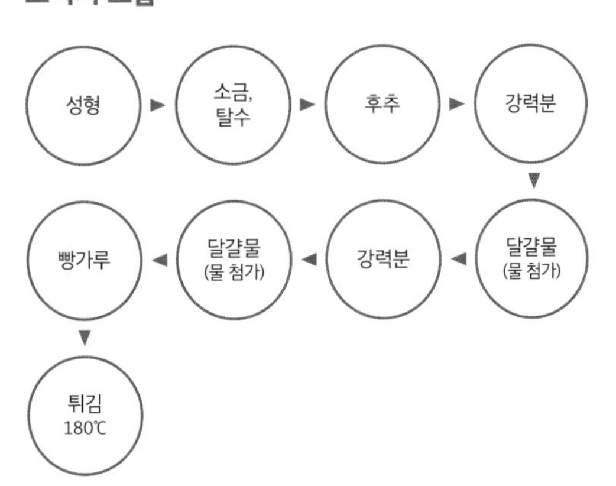

재료 (1접시분)

돼지고기 안심육(33쪽 참조) 3조각(1조각 45g)
소금 적량
흰후추 적량
강력분 적량
달걀물* 적량
빵가루 적량
튀김기름(라드) 적량
곁들임: 콜슬로(양배추, 서니레티스, 오이, 당근, 무순, 적양파), 토마토, 감자샐러드

*전란 1개에 물 1큰술을 넣고, 거품기로 곱게 풀어 섞는다.

만드는 방법

먹기 편한 분량.
중심은 핑크색.

❶ 안심육을 45g씩으로 자른다. 그중 3조각을 사용한다.

❷ 양면에 소금을 뿌리고, 바트에 옮겨 10분 정도 놓아둔다. 사진은 10분 후. 고기에서 수분이 나온다.

❸ 행주로 물기를 닦아내고, 양면에 흰후추를 뿌린다.

❹ 강력분을 묻히고 손으로 털어 여분의 가루를 떨어낸다.

❺ 달걀물에 버무리고 여분의 달걀물을 떨어낸다.

❻ 다시 강력분을 묻히고 손으로 두드려 여분의 가루를 떨어낸다. 달걀물에 버무리고 여분의 달걀물을 떨어낸다.

❼ 빵가루를 빈틈없이 묻힌다.

❽ 180℃의 튀김기름에 넣고 2분 30초 정도 튀긴다. 튀김옷이 벗겨지기 쉽기 때문에 튀기는 동안에는 가능한 한 건드리지 말 것.

❾ 사진은 다 튀겨진 모습. 튀김망을 깔아놓은 바트에 놓고 기름을 뺀다. 키친타월에 옮겨 다시 한번 기름을 빼고 그대로 접시에 담는다.

조리의 포인트

1 소금을 뿌리고 수분을 뺀다

고기 덩어리를 밑손질하는 단계에서 어느 정도 수분을 빼놓지만, 조리할 때도 소금을 뿌려 탈수를 촉진한다. 고기의 맛을 더 좋게 하기 위한 포인트이다.

2 가루→달걀물은 2회 한다

"튀기는 동안에 고기에서 증발한 수분이 튀김옷에 전달되면, 튀김옷이 물러져 벗겨질 수 있다"(시치조 씨)라는 생각에서 가루→달걀물은 2회 하여 고기를 약간 두툼하게 코팅한다.

3 튀겨서 100% 익힌다

영업 중의 오퍼레이션 문제를 고려해서 히레가스는 180℃의 튀김기름에서 2분 정도에 다 튀겨지도록 고기의 사이즈를 조정한다. 작은 크기이기 때문에 여열을 가하는 과정은 불필요. 튀김의 과정만으로 100% 익힌다. 튀김 시간은 2분이라 해도, 고기에는 충분히 열이 가해지나 튀김옷은 단단하게 굳지 않기 때문에 2분 30초를 기준으로 튀긴다.

치킨가스

닭다릿살에 칼집을 넣어 펼쳐서 얇고 커다란 모양으로 성형.
바삭한 식감의 튀김옷과 부드럽고 육즙이 풍부한 살의 대조가 선명하게 드러난다.

조리의 흐름

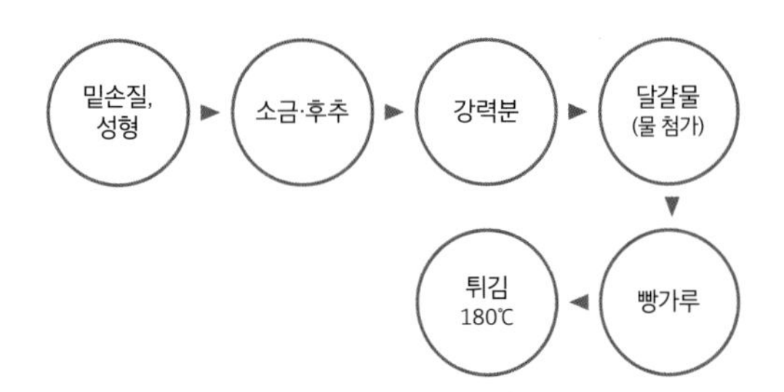

재료 (1접시분)

닭다릿살 한 장(약 150g)
소금·흰후추 적량
강력분 적량
달걀물* 적량
빵가루 적량
튀김기름(라드) 적량
곁들임: 콜슬로(양배추, 서니레티스, 오이, 당근, 무순, 적양파), 토마토, 감자샐러드

*전란 1개에 물 1큰술을 넣고, 거품기로 곱게 풀어 섞는다

만드는 방법

얇게 완성시킨,
튀김옷, 껍질, 살의 3층 구조.

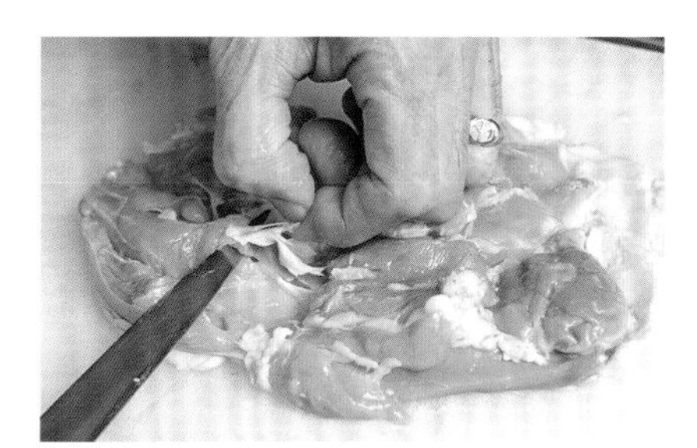

❶ 닭다리 정육의 살쪽을 확인하고, 눈에 띄는 힘줄과 지방육을 잘라낸다. 손으로 만져보고 잔뼈와 연골이 있으면 그것들도 제거한다.

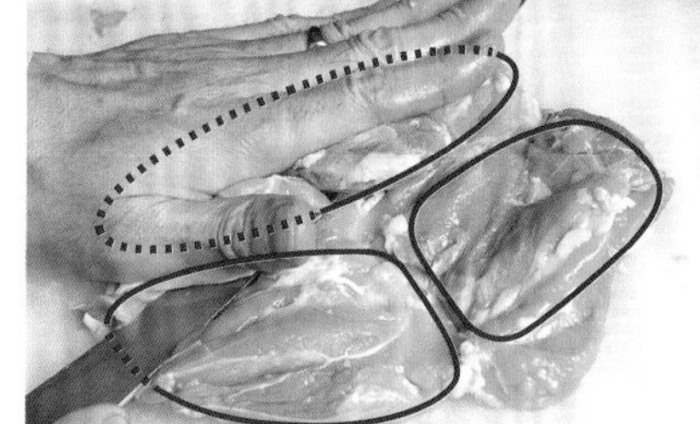

❷ 두께가 있는 부분에 안쪽에서 바깥쪽으로 칼집을 넣어 살을 펼친다. 이 작업을 세 군데(검은 테두리)에서 한다.

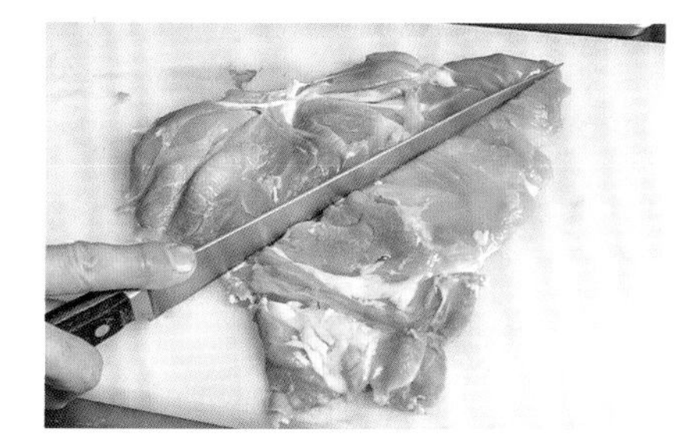

❸ 반으로 잘라 나눈다. 그중 한 장이 한 접시 분량.

❹ 살쪽에 소금과 흰후추를 뿌린다.

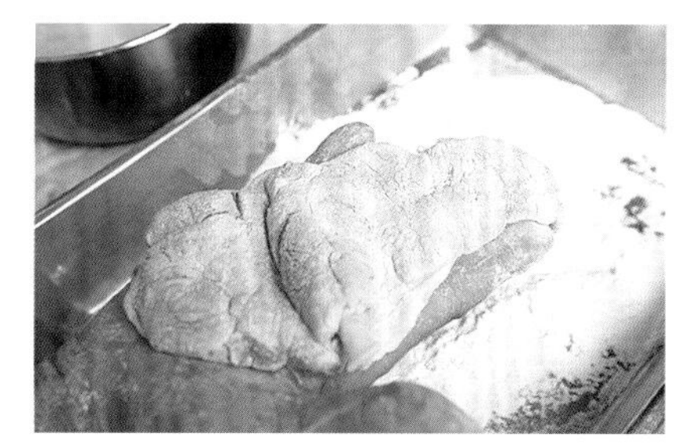

❺ 강력분을 묻히고 손으로 털어 여분의 가루를 떨어낸다.

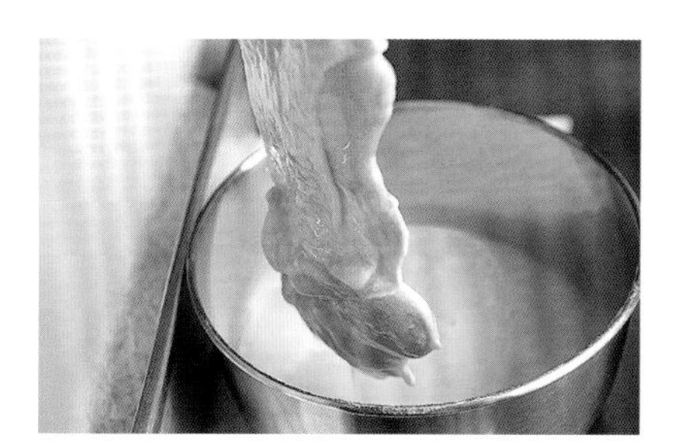

❻ 달걀물에 버무리고 여분의 달걀물을 떨어낸다.

❼ 빵가루를 묻히고 힘껏 눌러 고기와 튀김옷 전체를 확실하게 밀착시킨다.

❽ 180℃의 튀김기름에 껍질 쪽부터 넣고 3분~3분 30초 튀긴다. 그사이에 튀김옷이 굳어 기름의 표면으로 떠오르면 한 번 뒤집는다.

❾ 튀김망을 깔아놓은 바트에 놓고 기름을 뺀다. 키친타월에 옮겨 다시 한번 기름을 빼고 잘라서 접시에 담는다.

조리의 포인트

1 살을 갈라 펼쳐 얇게 한다

180℃의 튀김기름에서 3분 정도에 균일하게 익도록 닭고기는 살을 갈라 펼쳐 얇고 균일한 두께로 성형한다.

2 고기와 튀김옷 전체를 충분하게 밀착

닭고기는 돼지고기에 비해 가열했을 때 살이 수축되기 쉽고, 튀기는 동안에 튀김옷이 벗겨지기 쉽다. 빵가루를 듬뿍 빈틈없이 묻힌 후, 돈가스의 경우보다 더 세게 눌러 고기와 튀김옷 전체를 확실하게 밀착시킨다.

굴프라이

굴이 지닌 자연스런 짠맛을 살리는 것이 포인트. 씻지 않고 지저분한 것을 훑어내는 것으로 준비는 OK.
소재의 감칠맛과 바다 향이 입안 가득히 퍼지는 커다란 크기의 굴프라이에
셰리비네거를 배합한 톡 쏘는 맛의 타르타르소스가 잘 어울린다.

조리의 흐름

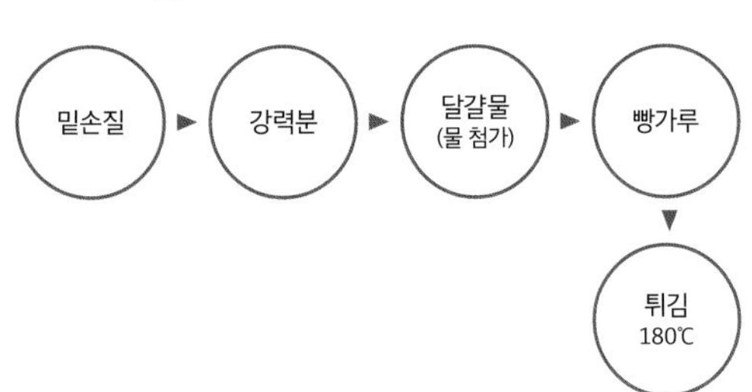

재료 (1접시분)

생굴(깐 것) 5개
강력분 적량
달걀물* 적량
빵가루 적량
튀김기름(라드) 적량
곁들임: 콜슬로(양배추, 서니레티스, 오이, 당근, 무순, 적양파), 토마토, 감자샐러드, 레몬, 타르타르소스

*전란 1개에 물 1큰술을 넣고, 거품기로 곱게 풀어 섞는다.

만드는 방법

굴 전체에 튀김옷이 밀착되어 있다.

❶ 굴은 지저분한 것들을 훑어낸 후 체에 담아 물기를 뺀다. 사진은 물기를 빼서 보관용 용기에 넣은 상태.

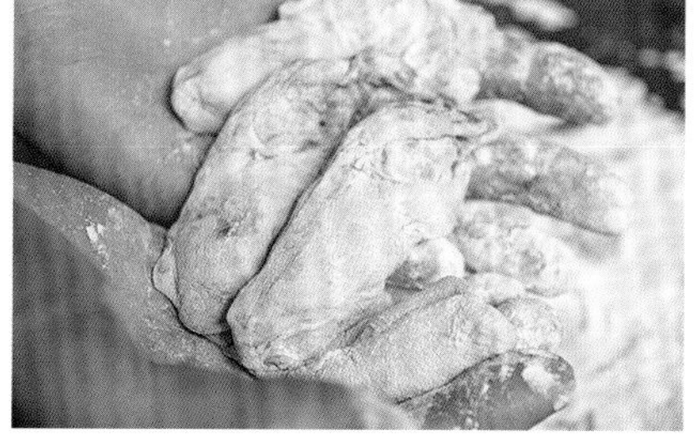

❷ ❶에 강력분을 묻히고 손으로 털어 여분의 가루를 떨어낸다.

❸ 달걀물을 사용할 만큼만 볼에 옮긴다. 거기에 ❷를 넣고 달걀물을 골고루 묻힌 뒤 여분의 달걀물을 떨어낸다.

❹ 굴에 빵가루를 묻힌 다음 한 손으로 굴과 빵가루를 한꺼번에 넉넉하게 퍼올린다.

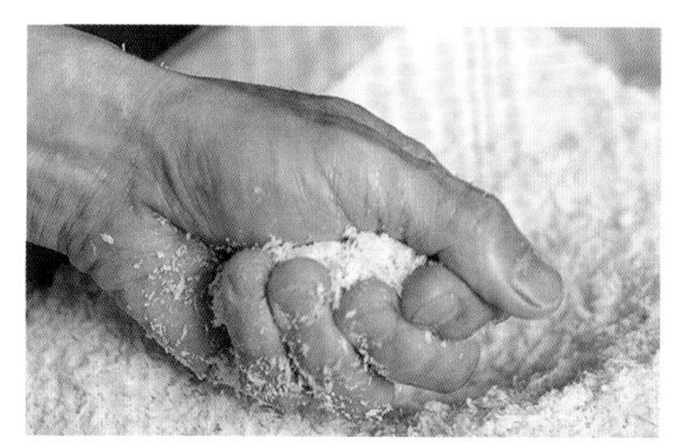

❺ 손을 쥐어 굴과 빵가루를 밀착시킨다. "손의 힘을 직접 굴에 전달하는 것이 아니라, 같이 퍼올려진 빵가루의 탄력을 이용하여 굴에 압력을 더해 빵가루를 묻히는 식이어야 합니다." (시치조 씨)

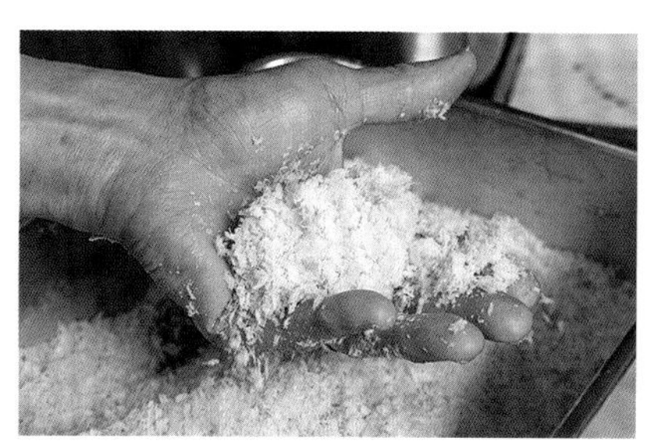

❻ 쥔 손의 손바닥이 위를 향하게 편 채로 굴이 움직이지 않도록 조심스럽게 손바닥을 위아래로 흔들어 여분의 빵가루를 떨어낸다.

❼ 180℃의 튀김기름에 넣고 2분 30초~3분 튀긴다. 튀김옷이 벗겨지기 쉬우므로 튀기는 동안에는 최대한 건드리지 말 것.

❽ 건지개로 기름에서 건져올려, 건지개 통째로 볼에 놓고 기름을 뺀다. 키친타월에 옮겨 다시 한번 기름을 뺀 뒤 그대로 접시에 담는다.

조리의 포인트

1 굴은 씻지 않는다

굴은 물 등으로 씻으면 지저분한 것들과 함께 굴의 감칠맛도 씻겨버린다. 그래서 씻지 않고 불순물을 닦아내고 물기를 빼면 준비는 완료.

2 달걀물은 사용할 만큼만 준비

굴을 달걀물에 담그면 굴 표면의 불순물에 달걀물이 탁해지고 냄새도 나게 된다. 그래서 달걀물은 굴에 사용할 만큼만 별도의 볼에 덜어 사용한다.

3 빵가루는 살살 묻힌다

굴의 주름 부분에는 빵가루가 잘 달라붙지 않는다. 그래서 주름진 부분에 빵가루를 필요 이상으로 묻혀도 완성된 모습이 보기 좋지 않다. 굴이 움직이지 않게 주의해가면서, 굴과 빵가루 가득 손에 함께 쥐어 빈틈이 생기지 않게 밀착시킨다.

전갱이프라이

신선한 전갱이를 필레로 가공하여 조리. 라드에 튀겨서 바삭하고 폭신한 식감을 냈다.
완성 단계에서 카레소금을 뿌려 튀김 특유의 향에 변화를 주었다.

조리의 흐름

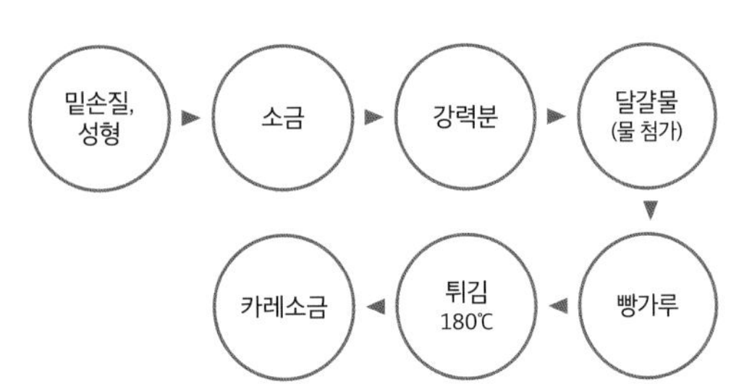

재료 (2접시분)

전갱이 3마리
소금 적량
강력분 적량
달걀물* 적량
빵가루 적량
카레가루 적량
튀김기름(라드) 적량
곁들임: 콜슬로(양배추, 서니레티스, 오이, 당근, 무순, 적양파)

*전란 1개에 물 1큰술을 넣고, 거품기로 곱게 풀어 섞는다.

만드는 방법

스파이스 향이 나는 튀김옷.
폭신한 살.

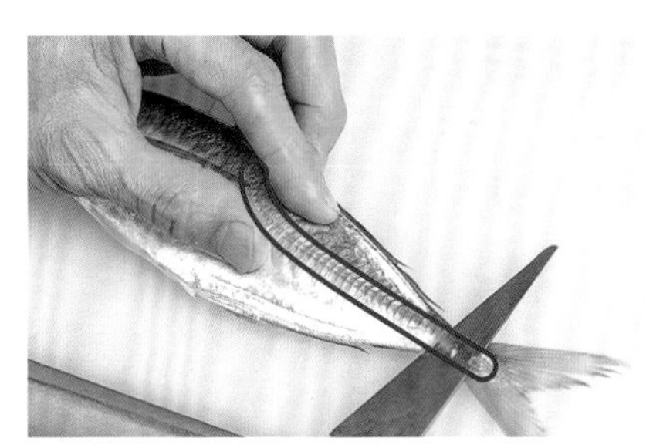

❶ 전갱이는 제이고(검은 테두리)(87쪽 참조)를 잘라내고, 칼로 표면을 긁어 이물질을 제거한다. 뒤집어 반대쪽에도 한다.

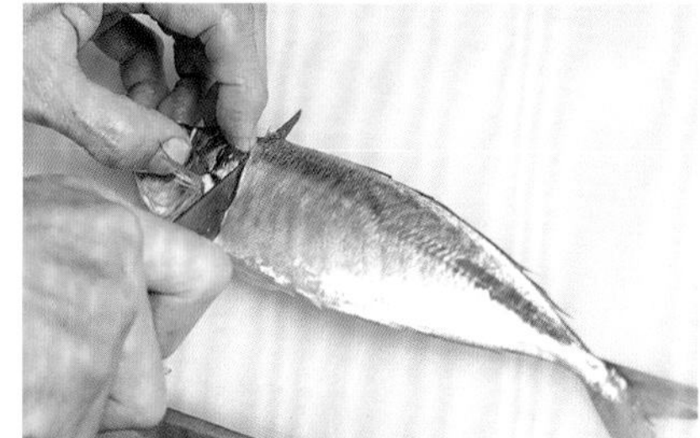

❷ 가슴지느러미 밑으로 칼을 넣어 대가리를 잘라낸다.

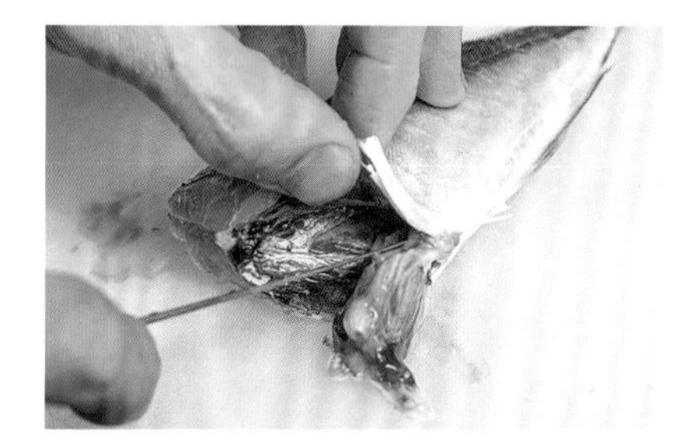

❸ 배에 칼집을 살짝 넣어 내장을 긁어낸다. 흐르는 물에 씻고, 물기를 닦아낸다.

❹ 중골을 따라 칼을 넣어 살과 중골을 분리하여, 살을 필레 상태로 만든다. 뒤집어 반대쪽에도 한다.

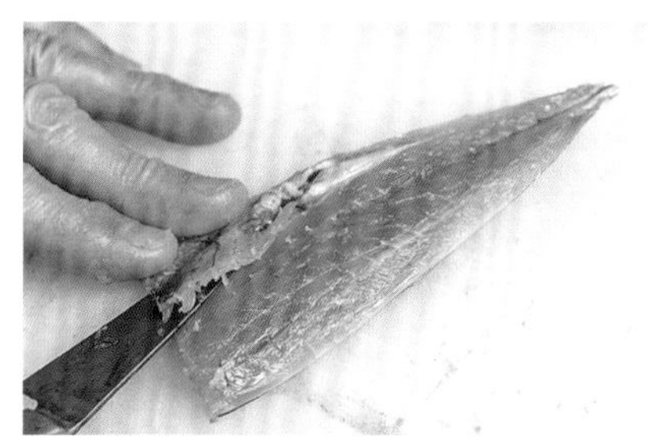

❺ 갈비뼈를 저며 떠낸다.

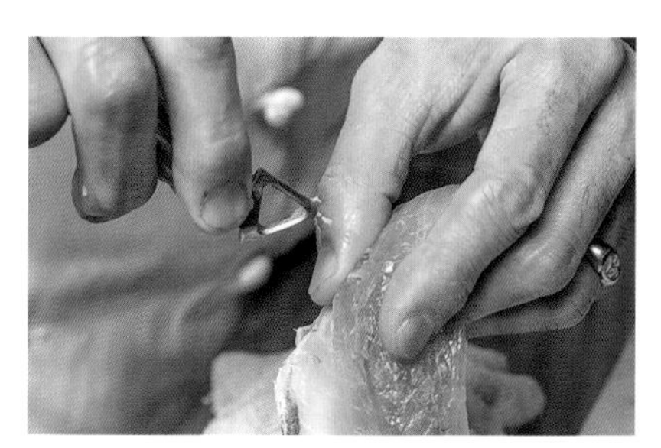

❻ 핀셋으로 잔가시를 뽑아낸다.

❼ 살쪽에 가볍게 소금을 친다. 강력분을 묻히고 손으로 털어 여분의 가루를 떨어낸다.

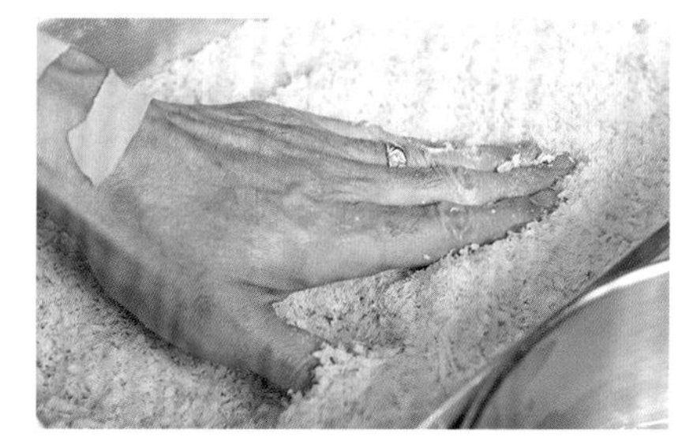

❽ 달걀물에 버무리고 여분의 달걀물을 확실하게 떨어낸다. 빵가루를 묻힌 뒤 힘껏 눌러 살과 튀김옷 전체를 확실하게 밀착시킨다.

❽ 180℃의 튀김기름에 껍질쪽을 밑으로 하여 넣고, 2분이 채 안 되게 튀긴다. 건지개로 기름에서 건져올려, 건지개 통째로 볼에 놓고 기름을 뺀다. 키친타월에 옮겨 다시 한번 기름을 뺀 뒤 껍질쪽에 카레소금을 뿌리고 그릇에 담는다.

조리의 포인트

1 필레로 만들어 먹기 편하게

전갱이프라이는 꼬리가 붙어 있는 형태가 일반적이나, 세 장 뜨기의 요령으로 칼을 넣어, 중골과 함께 꼬리도 제거한 필레 상태로 가공한다.

2 살과 튀김옷 전체를 충분하게 밀착

생선은 돼지고기에 비해 가열했을 때 살이 수축되기 쉬우며, 튀기는 동안에 튀김옷이 벗겨지기 쉽다. 그래서 빵가루를 빈틈없이 듬뿍 묻히고, 돈가스보다 더 세게 눌러 살과 튀김옷 전체를 확실하게 밀착시킨다.

3 껍질쪽을 밑으로 하여 튀김기름에

튀길 때 살을 밑으로 가게 하여 튀김기름에 넣으면, 단숨에 열이 전해져 살이 수축되고, 비틀려버릴 수가 있다. 껍질쪽을 밑으로 하여 기름에 투입하는 편이 덜 뒤틀린다.

4 조미료로 맛에 변화를

전갱이프라이는 통상의 단품으로는 판매하지 않고, 모둠프라이 속의 일품으로서 제공한다. 여러 가지 프라이 중에서 튀김옷의 맛에도 변화를 주려고 전갱이프라이에는 완성 단계에서 카레소금을 뿌린다. 바닷장어 한 마리를 프라이하는 경우에 먹다가 질리지 않도록 카레소금을 사용한 것이 계기가 되었다고 한다.

메뉴 (발췌)

〈점심〉
후릿쓰 카레 세트 1,000엔
새우프라이카레 세트 1,300엔
로스가스카레 세트 1,500엔
치킨도리아 세트 1,000엔
히레가스샌드 세트 1,500엔
게살 마카로니 그라탱 세트 1,500엔
니코미(조림) 햄버그 세트 1,600엔
로스돈가스 세트 2,000엔

〈저녁〉
로스돈가스 2,000엔
비프가스샌드 2,400엔
가리비 이소베아게 (김을 사용한 튀김) 1개 450엔
새우가스 2개 900엔
민스감자고로케 1개 600엔
게살크림고로케 1개 650엔
멘치가스 1개 650엔
컴비네이션 샐러드 소 650엔, 대 1,260엔
돼지고기 로스트 2,500엔
텅스튜 2,800엔
국산(일본산) 소 안심 스테이크 하프 2,000엔, 풀 3,600엔
파테 드 캉파뉴 1,260엔
버섯 오믈렛 1,260엔

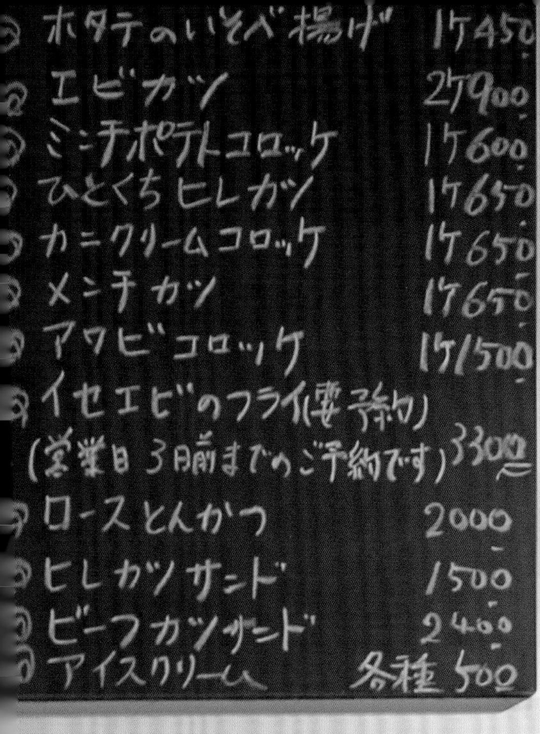

양식당

후릿쓰

도쿄 가스가

슌코테이와, 그 계열사 후릿쓰(현재 폐점)에서 기술을 갈고 닦은 다나미 겐타 씨가, 후릿쓰의 이름을 계승하여 2016년에 독립 개업했다. 시크하고 차분한 분위기의 공간에서, 햄버그와 그라탱이라는 일반적인 메뉴부터, 텅스튜 등 레스토랑에서 느낄 수 있는 '고치소'까지 다채로운 양식을 즐길 수 있다. 프라이도 풍부하게 종류를 갖추어놓고 있으며, 일을 배운 가게에서 익힌 기술에 독자적인 아이디어를 더하여, 가게의 맛을 진화시키고 있다.

튀김 + 여열로 바삭하고 촉촉하게.
수고를 아끼지 않고, 대표요리를 발전시킨다.

후릿쓰의 로스돈가스는, 개업 후 1년이 지난 무렵 만반의 준비를 거쳐 메뉴에 등장했다. "납득할 수 있는 돈가스를 내놓자고 생각했는데, 조리를 혼자 담당하는 현실도 있고, 오퍼레이션의 상황상, 개업하고 나서 한동안은 제공할 수 없었습니다"라고 점주인 다나미 겐타 씨가 말했다. 다나미 씨의 혼신의 돈가스는 황금색의 빵가루가 원형 그대로 서 있고, 가루와 달걀층은 얇게 고기에 착 달라붙어 있는 모습이다. 고기는 충분히 익어 있음에도 윤기가 나고 촉촉한 질감이다.

"일 배운 곳에서 튀김에 대한 개념이 바뀌었습니다. 튀긴 돈가스를 튀김망 위에서 휴지시켜 여열로 익히는 기법에 놀랐습니다. 그것으로 겉의 튀김옷도 속의 고기도 최고의 상태로 완성된다는 거죠. 그 돈가스가 저의 이상형이 되었습니다."

조리의 절차는 일 배웠던 곳의 그것이 최선이었으나, 밑간 하는 방법과 익히는 온도와 시간에 있어서는 독자적인 생각과 판단을 더하여, 이상적인 돈가스를 더욱더 발전시키고 있다.

그 예로, 소금과 후추는 지방육이 있는 부분에 더 많이 뿌리는데, 지방육을 거부감 없이 먹을 수 있게, 또 돈가스 전체 맛에 강약을 주어 먹다 질리지 않게 하기 위한 것. 튀김 과정의 후반에는 지방육 부분만 중점적으로 가열하는 시간을 더함으로써, 지방육과 살코기를 균일하게 익힌다. 그래서 여열로 완성할 때는 튀긴 시간과 동일한 정도의 시간만 휴지시키는 것이 기본 방법이다.

정성스럽게 일하는 스타일도 다나미 씨의 장점. 매입한 돼지고기는 미트페이퍼에 싸서 어느 정도 수분을 빼고, 성형 시에는 핀셋을 사용해 가는 힘줄과 혈관을 제거하는 등 적절한 작업들로 돈가스의 완성도를 한층 높이고 있다.

"제가 좋아하면서 익숙한 요리를 만들고 싶다고 생각해서 양식의 길을 선택했습니다. 그렇기에 재료를 음미하며 제대로 조리를 해서 일반적인 요리를 '레스토랑의 맛'으로 승화시키지 않으면 안 된다고 생각합니다."

수고를 아끼지 않는 자세는 돈가스 이외의 메뉴에서도 엿볼 수 있다. 예를 들어 게살크림고로케에 사용하는 베샤멜소스는 그라탱용과는 미묘하게 레시피를 달리하여 따로 준비한다. 가리비에 차조기 잎을 싸고 김으로 말아 튀긴 가리비 이소베아게도, "레스토랑다운, 수고를 한 번 더 한 프라이를 제공하고 싶다"라는 생각에서 탄생한 메뉴이다. "고생스러운 것은 당연한 것입니다만, 한 가지 일을 끝까지 파고들고 싶습니다"라고 다나미 씨는 말한다.

[후릿쓰 フリッツ]
東京都文京区小石川 2-25-16 LILIO 小石川 2F
03-3830-0235

❶ 상점가에 있는 빌딩 2층에 위치. 흰색을 기조로 한 시크한 디자인. 테이블석은 개방형 주방과의 거리가 가까워, 주방의 현장감이 전해진다. ❷ 점심은 세트 메뉴가 중심. 저녁은 단품요리를 중심으로 약 40품을 준비. 프라이도 약 10품으로 종류가 풍부하다. 조리는 다나미 씨 혼자서 담당한다.

양질이면서 냄새가 적은,
다양한 요리에 사용할 수 있는 브랜드 돼지고기

이바라키현산의 브랜드 돼지 '미명돈美明豚'을 사용한다. "양식당이기 때문에, 돼지고기는 돈가스 이외의 메뉴에서도 사용됩니다. 그래서 맛있는 것은 물론이거니와, 여러 가지 요리에 알맞은, 범용성이 높은 육질이어야 하는 것도 매우 중요합니다. 미명돈은 살코기와 지방육의 밸런스가 좋고, 냄새가 적기 때문에, 저의 니즈와 꼭 맞습니다"라는 다나미 씨. 이 가게에서는 맛이 확실한 빵가루를 사용하는데 미명돈과의 궁합도 좋아서 전체적인 맛의 밸런스가 좋은 돈가스가 완성된다고 한다. 등심육은 덩어리로 매입하고 있는데, 돈가스에는 어깨쪽도 허리쪽도 아닌, 될 수 있으면 중앙 부분을 사용한다. 히레가스에도 미명돈의 안심육을 사용한다.

배터가루를 사용한 강력한 튀김옷.
당분이 높은 빵가루의 맛을 살린다.

접착력이 높은 튀김옷을 만들려는 목적으로, 가루는 배터가루를 선택하고, 또 전란에 배터가루와 물을 더한 이른바 배터액을 사용한다. 배터가루, 배터액, 그리고 빵가루로 연결시키는 흐름이다. 단, 가루와 달걀층이 두꺼워지지 않도록 어느 것이든 얇게 묻히는 것을 기조로 한다. 배터액에 물을 넣는 것도 얇게 묻어나게 점도를 조정하기 위함이다. 한편, 빵가루는 굵은 생빵가루를 사용한다. 당분이 높아 그냥 먹어도 맛있다고 느낄 정도로 맛이 확실히 들어 있는 것도 특징이다. "빵가루의 맛도 돈가스의 맛을 구성하는 중요한 요소라고 생각합니다"라는 다나미 씨.

옥수수기름 + 참깨기름의 블렌드로
가벼운 느낌의 튀김을 구현.

슌코테이에서 배우던 시절부터 줄곧 사용해온, 옥수수기름과 참깨기름을 블렌드한 기름을 사용한다. "다 튀겨졌을 때 가볍고, 가격도 비싸지 않다는 점이 마음에 들었습니다"라는 다나미 씨. 또한 양식당에서는 프라이어를 사용하는 곳이 많으나, 이곳에선 냄비를 사용해, 한 번에 들어가는 기름양을 줄이고, 그만큼 최대한 자주 신선한 기름으로 교체하고 있다. 냄비 바닥에 튀김망을 깔아놓은 것도 포인트. 기름 표면에 흩어진 여분의 빵가루는 적시에 건져내어 제거하고 있으나, 미처 다 건져내지 못한 것들은 냄비 바닥으로 가라앉아 타버리게 된다. 튀김망을 깔아놓아, 재료가 냄비 바닥에 직접 닿지 않게 하여, 가라앉아 탄 빵가루가 붙어버리는 것을 방지하고 있다.

제공
방법

양식에 교기経木를 사용하여 일본풍의 요소를 플러스.
현지에서 생산한 소스도 매력적.

돈가스를 포함한, 모든 프라이 메뉴는 교기(종이처럼 얇게 깎은 나무, 한국에선 '우스이타'라는 이름으로 통한다)를 깐 접시에 얹어 제공한다. 튀김망을 까는 것처럼 기름을 흡수하는 것이 가장 큰 목적이긴 하나, 튀김망과는 달리 재사용이 불가능한 반면, 고급스러움을 연출할 수 있는 것은 교기만의 장점이다. 일본풍의 재료를 가미해 양식요리의 담음새에 개성을 더했다. 프라이는 기본적으로 아무것도 찍지 않고 그냥 먹는 것이 이 가게의 추천 방식이나, 손님의 취향에 맞게 맛에 변화를 줄 수 있도록 소금, '슈퍼특선태양소스'(태양식품공업), '돈가스소스'(쓰바메식품ツバメ食品), 디종머스터드도 준비해놓았다.

로스돈가스 200g

황금색의 빵가루가 원형 그대로 서 있는 아름다운 외관에, 겉은 바삭, 속은 육즙 가득한 맛을 추구. 적당한 두께로 자른 등심육에 빵가루를 듬뿍 묻혀, 살코기와 지방육이 익는 타이밍을 계산해서 골고루 열을 가한다. 밑간에도 강약을 주어 질리지 않는 맛으로.

조리의 흐름

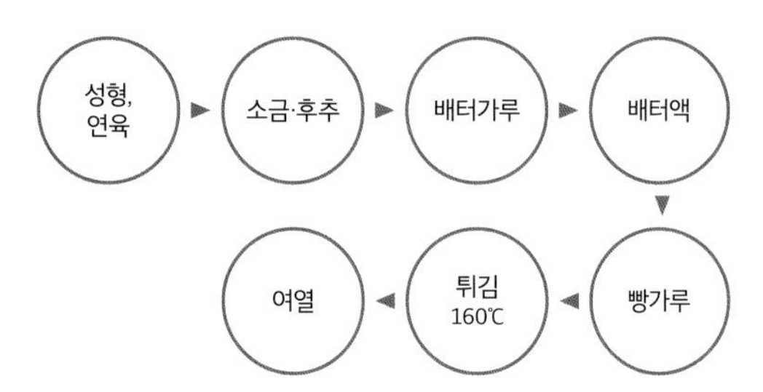

재료 (1접시분)

돼지고기 등심육* 1장(200g)

소금, 흰후추 적량

배터가루** 적량

배터액*** 적량

빵가루 적량

튀김기름(옥수수기름과 참깨기름의 블렌드) 적량

곁들임: 채 썬 양배추, 감자샐러드

* 돼지 등심육은 통째로 매입하여, 힘줄과 지방육을 잘라내는 등 사진과 같은 상태가 될 때까지 사전에 밑손질한 뒤 미트페이퍼로 감싸 수분을 살짝 빼놓는다.

** 밀가루에 가공전분과 증점제 등을 배합하여 접착력을 높인 믹스코.

*** 배터가루 50g을 물 150ml에 녹인 뒤 전란 1개를 넣고 곱게 풀어 섞어놓는다.

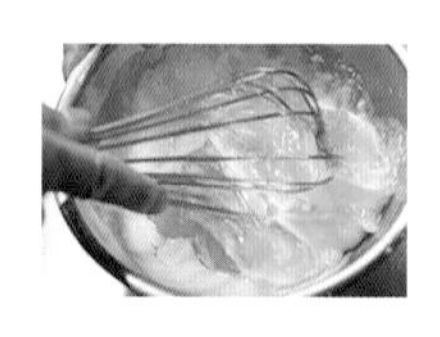

만드는 방법

살코기도 지방육도 균일하게 익었다.

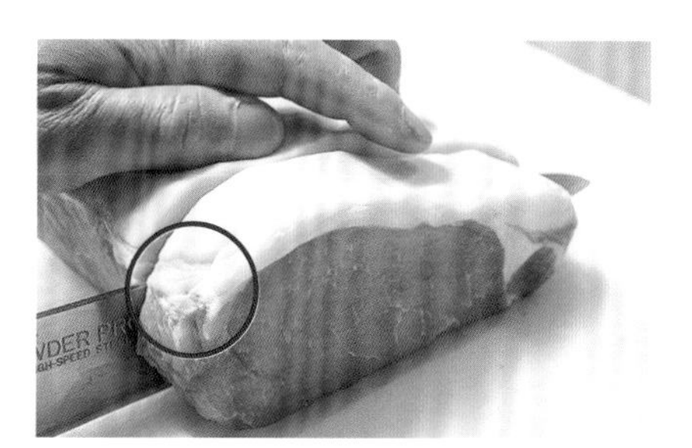

❶ 등심육은 200g으로 자른다. 힘줄이 많은 끝 부분(검은 테두리)을 잘라낸다.

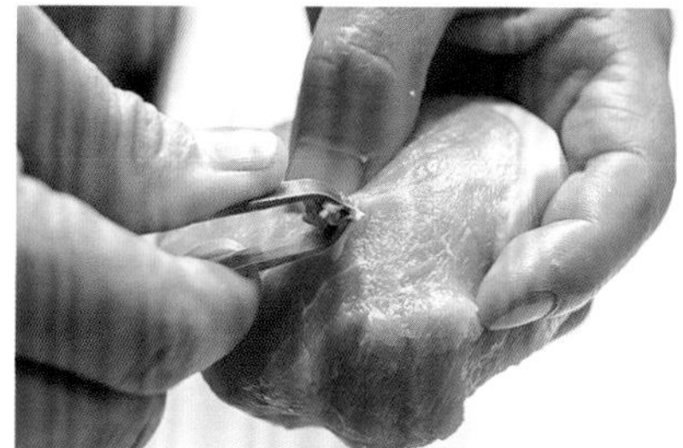
❷ 고기 표면을 확인하여, 눈에 띄는 힘줄과 혈관을 핀셋으로 제거한다.

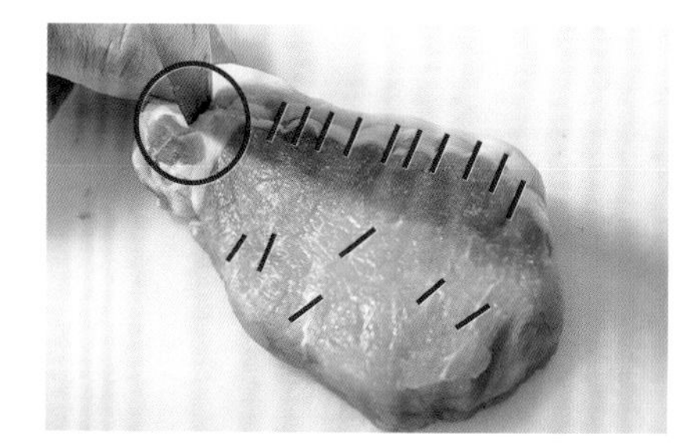
❸ 칼끝을 사용해서 힘줄을 자른다. 끝의 지방육이 많은 부분(검은 테두리)은 특히 꼼꼼하게 자르고, 또 살코기 부분의 눈에 띄는 힘줄에도 칼을 넣는다. 양쪽면 모두 한다.

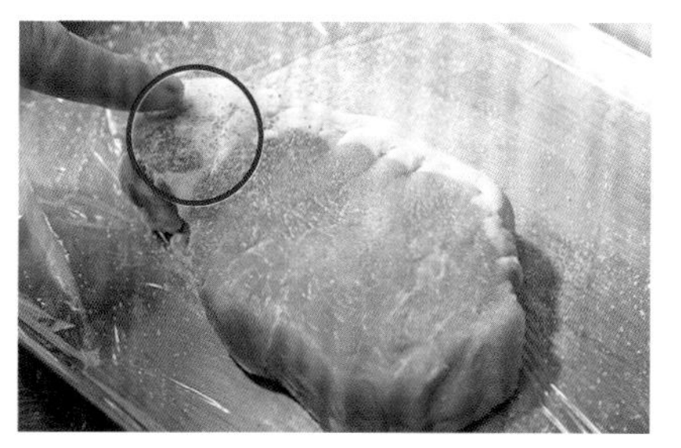
❹ 한쪽 면에 소금과 흰후추를 뿌린다. 이때, 끝의 지방육이 많은 부분(검은 테두리)에는 소금과 후추를 많이 뿌린다.

❺ 배터가루를 묻히고 손으로 털어 여분의 가루를 떨어낸다. 쇠꼬치를 사용해 배터액에 버무리고 여분의 배터액을 확실하게 떨어낸다.

❻ 빵가루를 듬뿍 묻힌다. 그래야 냄비에 넣었을 때 빵가루가 유면(기름 위)에 흩어져도 적당한 양이 고기에 남아, 빵가루가 서 있는 깔끔한 모습으로 튀겨진다.

❼ 160℃의 튀김기름에 넣고 7~8분 튀긴다. 그사이에 튀김옷이 어느 정도 굳으면, 고기가 기름 속을 헤엄치듯 보이게 살살 움직여준다. 단, 튀김옷이 벗겨질 수 있으므로 뒤집지는 말 것.

❽ 젓가락으로 들어올려 지방육이 많은 끝 부분만 기름에 잠기게 하여, 그대로 약 1분 안 되게 더 튀긴다.

❾ 튀김망 위에서 휴지시키고, 다시 키친타월에 옮겨 잠시 두어 기름을 빼는 동시에 여열로 익힌다. 이 과정은 튀기는 시간과 같은 정도의 시간을 들인다. 여기서는 7~8분. 잘라서 접시에 담는다.

조리의 포인트

1 핀셋 + 힘줄 끊기

연육을 하기 전에, 고기 표면을 확인하여 눈에 띄는 힘줄을 핀셋으로 제거한다. 이 작업과 섬세하게 힘줄을 끊어주는 기술이 합쳐지면 먹기 편한 돈가스가 된다. 또한 눈에 띄는 혈관도 핀셋으로 제거한다. 혈관이 남아 있으면, 튀긴 후 잘랐을 때 피가 맺혀 있을 수 있다.

2 지방육에는 밑간을 강하게

지방육이 많은 부분에는 소금과 흰후추를 의식적으로 강하게 뿌린다. 그래야 "지방육을 부담 없이 먹을 수 있고, 맛에 강약이 생겨 물리지 않는다"(다나미 씨)라는 것이 그 이유.

3 배터액을 사용한다

"가루와 달걀을 따로따로 묻히고 빵가루를 버무리는 것보다는 배터액을 사용하는 편이 고기와 빵가루를 확실히 할 수 있다."(다나미 씨) 단, 배터액의 층이 두꺼우면 맛이 나빠지기 때문에, 배터액도, 그전에 버무리는 가루도 얇게 묻힐 것을 명심한다.

4 지방육 부분은 오래 가열

살코기와 지방육은 익는 속도가 서로 다르다. 지방육 쪽이 늦기에, 튀김 시간을 지방육에 맞추면 살코기가 너무 많이 익어버린다. 그래서 살코기 부분을 기름에서 건져올린 상태로 하여, 지방육이 많은 부분만 1분 안 되게 더 튀겨줌으로써 전체를 균일하게 익힌다.

게살크림고로케

게살을 듬뿍 넣고 섞은 풍부한 크림 고로케.
둥그스름한 귀여운 모양과, 겉은 바삭, 속은 크리미한 식감의 대비가 매력이다.
소금은 거의 사용하지 않고, 게살육수의 감칠맛을 응축시켜 맛의 중심을 잡는다.

조리의 흐름

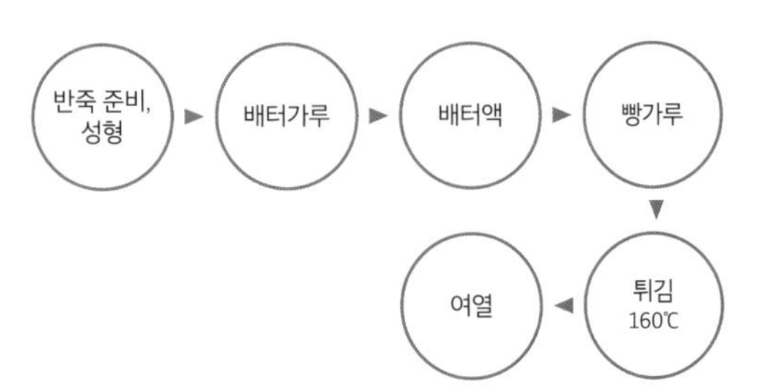

재료 (1접시분)

반죽 120g(개당 60g)
- 양파(다진 것) 1/4개
- 화이트와인 50ml
- 게살통조림 국물 4캔 분량
- 생크림 50ml
- 베샤멜소스* 약 1.5kg
- 게살(통조림) 4캔 분량

배터가루** 적량

배터액*** 적량

빵가루 적량

튀김기름(옥수수기름과 참깨기름의 블렌드) 적량

곁들임: 채 썬 양배추, 레몬

* 버터 70g을 가열하여 녹으면 박력분 100g을 넣고 섞는다. 가루가 보이지 않게 되면 우유 1.5L를 조금씩 천천히 넣으면서 섞고, 도중에 암염 한 꼬집을 넣고 취향에 따라 농도를 조절한다.

** 밀가루에 가공전분과 증점제 등을 배합하여 접착력을 높인 믹스코.

*** 배터가루 50g을 물 150ml에 녹인 뒤 전란 1개를 넣고 곱게 풀어 섞어놓는다.

만드는 방법

바삭하고 걸죽한 식감의 대비.

❶ 냄비를 불에 얹고, 양파, 화이트와인, 게살통조림 국물을 넣고 가열한다. 화이트와인과 게살육수의 풍미를 양파에 옮기는 것을 목표로 한다. 수분이 거의 없어지게 되면 생크림을 넣고 섞는다.

❷ 중탕으로 하여, 데워놓은 베샤멜소스를 넣고 섞는다. 베샤멜소스는 사전에 데워놓으면 잘 풀린다.

❸ 전체적으로 잘 섞였다면 게살을 넣고 섞는다. 점점 점도가 증가하여 묵직해진다.

❹ 주걱으로 들어 올렸을 때 천천히 떨어지는 정도의 묵직한 상태가 되면 불을 끈다. 랩을 깔아놓은 바트에 옮겨 얇고 넓게 펼친다. 냉장고에서 차게 식힌다.

❺ 1개 60g으로 계량하여, 공 모양으로 둥글린다. 냉장고에 보관한다.

❻ ⑤를 손으로 굴려 배터가루를 빈틈없이 많이 묻힌다. 쇠꼬치를 사용해 배터액에 버무리고, 여분의 배터액을 확실하게 떨어낸다.

❼ 빵가루를 듬뿍 묻힌다. 그래야 냄비에 넣었을 때 빵가루가 유면에 흩어져도 적당한 양이 반죽에 남아, 빵가루가 서 있는 깔끔한 모습으로 튀겨진다.

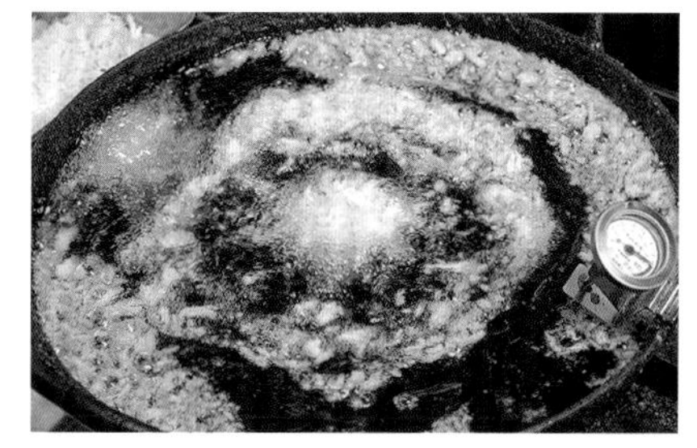

❽ 160℃의 튀김기름에 넣고 5분 정도 튀긴다. 튀김옷이 벗겨지기 쉬우므로, 튀기는 동안에는 건드리지 말 것.

❾ 튀김망 위에서 휴지시키고, 다시 키친타월에 옮겨 잠시 두어 기름을 빼는 동시에 여열로 익힌다. 이 과정은 튀긴 시간과 같은 정도의 시간을 들인다. 여기서는 5분 정도. 그대로 접시에 담는다.

조리의 포인트

1 반죽의 밑간은 슴슴하게

베샤멜소스를 만들 때 약간의 소금을 첨가하긴 하나, 그 이외엔 소금은 사용하지 않는다. 게살 즙을 졸이면 게의 감칠맛과 짠맛이 우러나기 때문. 또, 빵가루에도 맛이 들어 있는 것을 고려하여, 반죽의 간은 슴슴하게 한다.

2 생크림은 일찌감치 넣는다

생크림은 반죽의 완성 단계에서 넣는 경우도 있으나, 농도를 조절하기 어려워지기 때문에, 베샤멜소스를 합치기 전에 넣고 섞는다.

3 반죽은 식힌 후에 성형

완성된 반죽은 뜨거운 상태에선 상당히 부드러워 성형하기 어렵기 때문에, 식혀서 적당한 굳기로 조정한다. 원통형이 아닌 둥근 모양으로 하는 것은 "봤을 때 모습이 더 인상적이어서이고, 튀김옷과 크림의 밸런스를 감안했을 때 원통형보다는 크림의 인상이 강해져 부드러움을 더 느낄 수 있다."(다나미 씨)

4 가루는 많게 & 너무 오래 튀기는 것은 금물

크림고로케는 반죽에 수분이 많아 튀기는 동안에 튀김옷이 부서지기 쉽다. 부서지지 않게 하려면 배터가루를 많이 묻히고, 속까지 뜨거워질 때까지 튀기지 않고, 반죽은 다루기 쉬운 사이즈로 계량(이 가게에서는 1개 60g)한다.

멘치가스

육즙을 듬뿍 가두어놓았다.

재료

반죽(개당 75g)
- 간 고기(소 7 : 돼지 3) 1kg
- 소금 6g | 흰후추 소량 | 너트메그 가루 소량
- 마늘(간 것) 1알 | 전란 2개
- 케첩 40g | 디종머스터드 1큰술
- 볶은 양파* 1개분 | 빵가루 60g

배터가루** 적량 | 배터액*** 적량 | 빵가루 적량

튀김기름(옥수수기름과 참깨기름의 블렌드) 적량

곁들임/채 썬 양배추

* 양파를 다져서 숨이 죽을 때까지 식용유로 볶는다.
** 밀가루에 가공전분과 증점제 등을 배합하여 접착력을 높인 믹스코.
*** 배터가루 50g을 물 150ml에 녹인 뒤 전란 1개를 넣고 곱게 풀어 섞어놓는다.

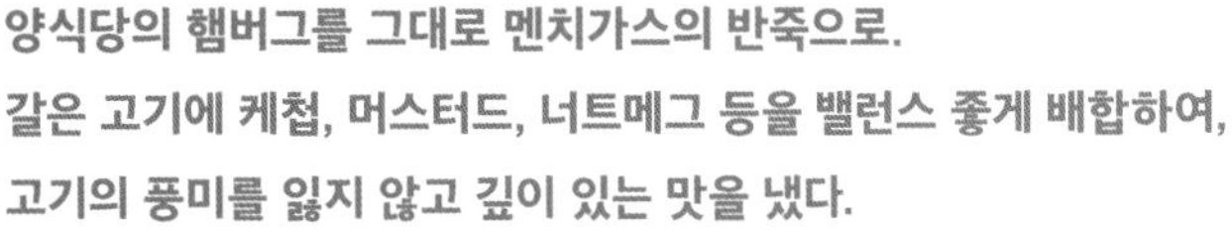

**양식당의 햄버그를 그대로 멘치가스의 반죽으로.
갈은 고기에 케첩, 머스터드, 너트메그 등을 밸런스 좋게 배합하여,
고기의 풍미를 잃지 않고 깊이 있는 맛을 냈다.**

조리의 흐름

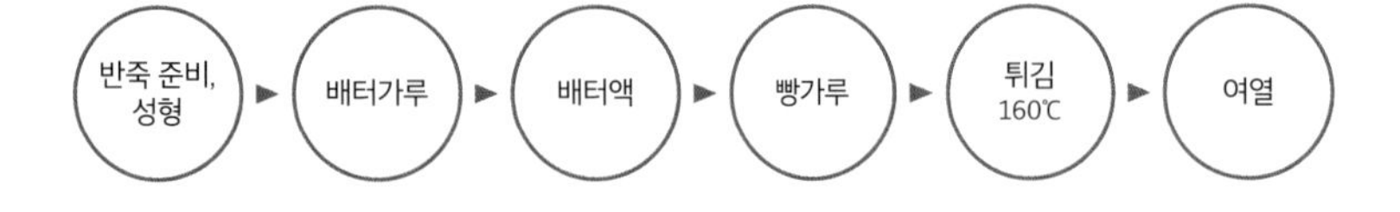

조리의 포인트

1 간 고기는 소 7 : 돼지 3의 비율로

고기의 씹는 맛과 육즙의 효과를 동시에 내기 위해, 간 고기는 소 7 : 돼지 3의 비율로 한다. 재료의 배합은 햄버그와 같으므로 반죽을 한꺼번에 완성해두고, 주문에 따라 두 종류의 메뉴에 활용한다. 또한 후추는 흑후추를 사용하면 후추의 풍미가 너무 강해지기 때문에 흰후추를 사용한다. 흰후추를 사용하는 것은 돈가스 등 다른 프라이도 공통.

2 가루는 많이 묻힌다

게살크림 고로케와 마찬가지로, 멘치가스도 튀기는 동안 부서지기 쉽기 때문에, 배터가루를 많이 묻힌다. 측면에도 확실하게 묻힐 것.

만드는 방법

❶ 반죽을 준비한다. 볼에 소금, 흰후추, 너트메그 가루, 마늘, 전란, 케첩, 디종머스터드를 넣고 거품기로 섞는다.

❷ ❶에 간 고기, 볶은 양파, 빵가루를 넣고, 점성이 생길 때까지 손으로 치댄다. 1개 75g으로 계량하여, 햄버그를 만드는 요령으로 공기를 빼면서 둥글게 성형한다. 냉장고에서 보관한다. 사진은 성형 후.

❸ ❷에 배터가루를 골고루 많이 묻힌다.

❹ 쇠꼬치를 사용해 배터액에 버무리고, 여분의 배터액을 확실히 떨어낸다.

❺ 빵가루를 듬뿍 묻힌다. 그래야 냄비에 넣었을 때 빵가루가 유면에 퍼져도 적당한 양이 반죽에 남아, 빵가루가 서 있는 깔끔한 모습으로 튀겨진다.

❻ 160℃의 튀김기름에 넣고 5분 30초~6분 튀긴다. 튀김옷이 벗겨지기 쉬우므로, 튀기는 동안에는 건드리지 말 것. 또한, 살코기와 지방육의 밸런스 등 간 고기의 육질에 따라 익는 속도가 변하기 때문에, 튀기는 시간은 적절하게 조정한다.

❼ 튀김망 위에 놓고 휴지시키고, 다시 키친타월에 옮겨 잠시 둔다. 기름을 빼는 동시에 여열로 익히는 것이 목적. 이 과정은 튀긴 시간과 같은 정도의 시간을 들인다. 여기서는 5분 30초~6분. 접시에 담는다.

❷

❸

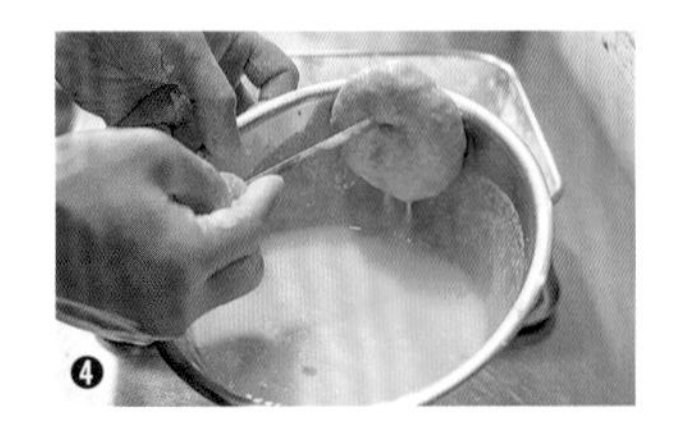

❹

❻

가리비 이소베아게

적당한 레어.
깔끔한 'e'자 모양.

재료 (1개분)

반죽
- 가리비 관자 1개 | 차조기 잎 1/2장
- 구운 김 1조각
- 소금, 흰후추 각적량

배터가루* 적량 | 배터액** 적량 | 빵가루 적량

튀김기름(옥수수기름과 참깨기름의 블렌드) 적량

곁들임: 레몬

* 밀가루에 가공전분과 증점제 등을 배합하여 접착력을 높인 믹스코.

** 배터가루 50g을 물 150ml에 녹인 뒤 전란 1개를 넣고 곱게 풀어 섞어놓는다.

가리비 관자에 차조기 잎을 샌드하여, 구운 김을 돌돌 말아 튀겼다. 생가리비의 끈끈한 식감도 가리비가 지닌 맛이라고 생각하여, 너무 익지 않도록 절반만 익힌 상태로 완성시켰다.

조리의 흐름

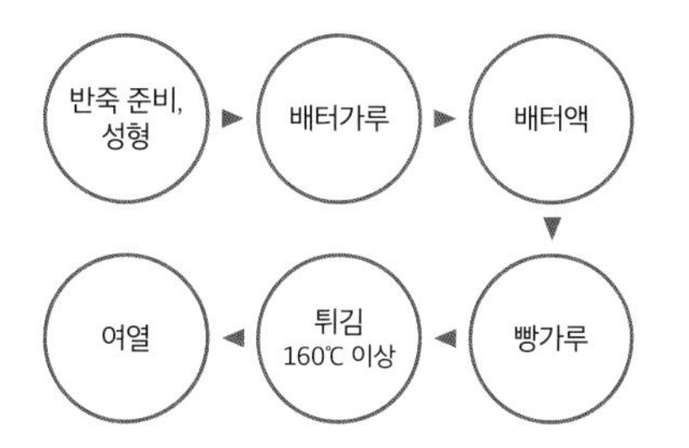

조리의 포인트

1 고온, 단시간에 튀긴다

저온에서 튀기면 가리비의 수분이 점점 빠져버려 빵가루가 쪄진 것 같은 상태가 되면서 색도 나빠진다. 또, 생가리비의 끈끈한 식감을 살리기 위한 목적도 있어, 절반만 익은 가리비를 목표로 고온, 단시간에 튀겨낸다.

만드는 방법

❶ 반죽을 준비한다. 가리비 관자의 물기를 키친타월로 닦는다.

❷ 완전히 잘리지 않을 정도로 옆쪽에 깊은 칼집을 넣는다.

❸ 단면을 벌려 차조기 잎을 반으로 접어서 끼운다. 단면을 닫는다.

❹ 한쪽 면에 소금과 흰후추를 가볍게 뿌린다. 칼집을 넣은 곳의 정가운데 부분을 감싸듯 구운 김을 두른다.

❺ 배터가루를 빈틈없이 많이 묻힌다.

❻ 쇠꼬치를 사용해 배터액에 버무리고, 여분의 배터액을 확실히 떨어낸다.

❼ 빵가루를 듬뿍 묻힌다. 그래야 냄비에 넣었을 때 빵가루가 유면에 퍼져도 적당한 양이 반죽에 남아, 빵가루가 서 있는 깔끔한 모습으로 튀겨진다.

❽ 160℃가 넘는 튀김기름에 넣고 1분 넘게 튀긴다. 튀김옷이 벗겨지기 쉬우므로, 튀기는 동안에는 건드리지 말 것.

❾ 튀김망 위에 놓고 휴지시키고, 다시 키친타월에 옮겨 잠시 둔다. 기름을 빼는 동시에 여열로 익힌다. 이 과정은 2~3분. 세로로 절반 잘라서 접시에 담는다.

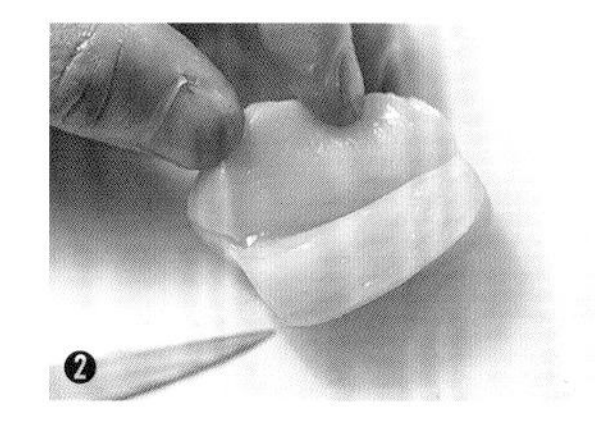
❷

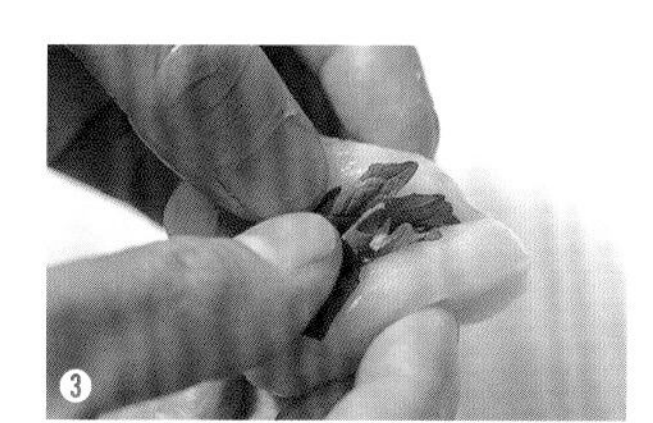
❸

❹

❺

비프가스샌드

미디엄레어의 비주얼이 식욕을 당기게 하는, 촉촉함 만점인 일품.
부드러운 안심육을 사용하여 먹기도 편하다. 빵에는 아무것도 바르지 않고, 돈가스 소스만으로 맛을 통합한 것이
후릿쓰의 스타일. 새하얀 빵에 피가 번지지 않도록 고기의 취급에는 세심한 주의를.

조리의 흐름

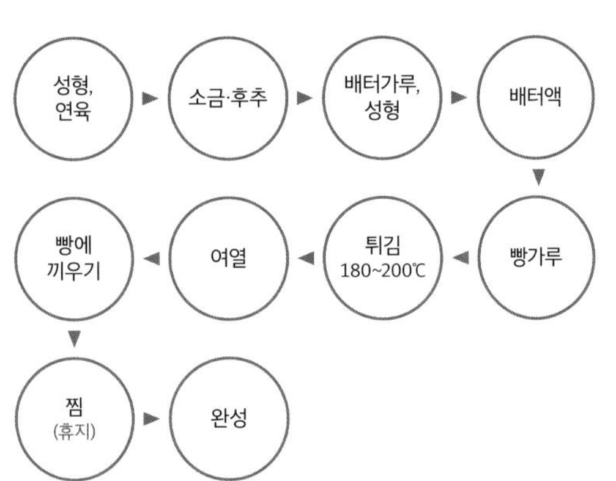

재료 (1접시분)

소고기 안심육(일본산)* 밑손질한 것 90~100g
소금·흰후추 적량
배터가루** 적량 | 배터액*** 적량
빵가루 적량
튀김기름(옥수수기름과 참깨기름의 블렌드) 적량
식빵(1장을 6등분) 2장
채 썬 양배추 적량
돈가스 소스 적량
곁들임: 식빵 테두리

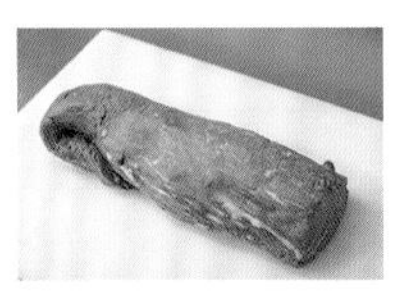

* 소고기 안심육은 한 줄 통째로 매입하여, 힘줄과 지방육 등을 잘라내고 사진과 같은 상태까지 사전에 밑손질한 뒤 미트페이퍼에 싸서 수분을 살짝 빼놓는다.
** 밀가루에 가공전분과 증점제 등을 배합하여 접착력을 높인 믹스코.
*** 배터가루 50g을 물 150ml에 녹인 뒤 전란 1개를 넣고 곱게 풀어 섞어놓는다.

만드는 방법

이상적인 미디엄레어.

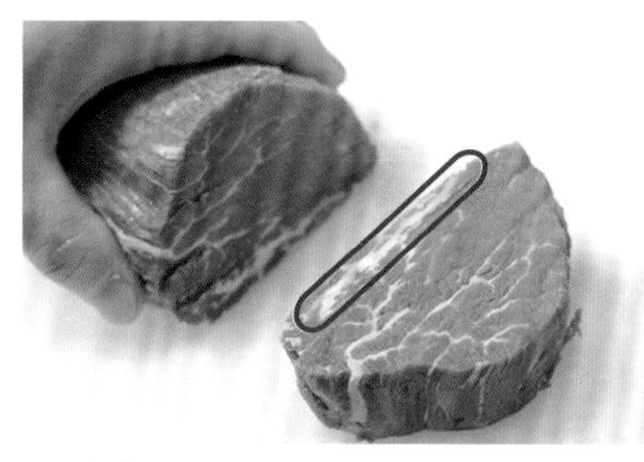
❶ 안심육을 적당한 두께로 자르고, 힘줄이 뻗어 있는 부분(검은 테두리)을 잘라낸다.

❷ 손바닥으로 단면을 가볍게 눌러 펴고, 칼등으로 두드린다.

❸ 칼끝을 사용하여 힘줄을 자른다.

❹ 한쪽 면에 소금과 흰후추를 뿌린다. 배터가루를 묻히면서, 손가락으로 당기듯 하여 고기를 늘려, 식빵에 딱 들어맞는 사이즈로 형태를 잡는다.

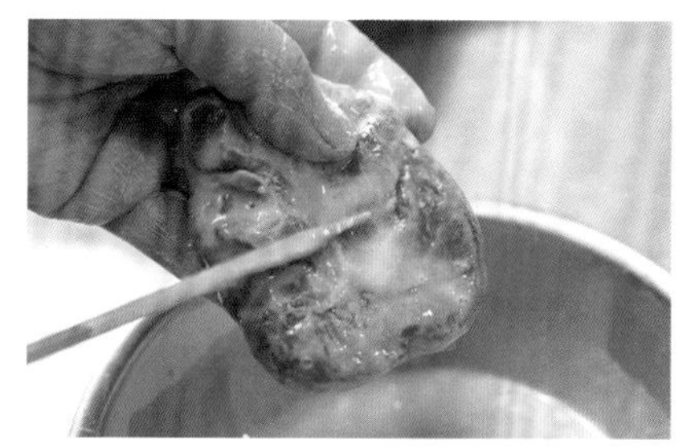
❺ 쇠꼬치를 사용해 배터액에 버무리고 여분의 배터액을 확실하게 떨어낸다. 빵가루를 듬뿍 묻힌다. 단, 최종적으로 빵에 끼우기 때문에, 빵가루의 양은 다른 프라이보다는 적게 해도 OK.

❻ 180~200℃의 튀김기름에 넣고 2분 정도 튀긴다. 튀김옷이 벗겨지기 쉽기 때문에, 튀기는 동안에는 건드리지 말 것.

❼ 튀김망 위에 놓고 휴지시키고, 다시 키친타월에 옮겨 잠시 둔다. 기름을 빼는 동시에 여열로 익힌다. 이 과정은 7~8분.

❽ 식빵을 토스트한다. 구워진 식빵 1장에 채 썬 양배추를 펼치고, ❼을 얹는다. 돈가스 소스를 뿌리고 뒤집어서 다시 돈가스 소스를 뿌린다.

❾ 구워진 다른 1장의 식빵을 얹고 랩으로 싸서, 식빵이 약간 촉촉해질 때까지 잠시 둔다. 랩을 벗기고 식빵 테두리를 잘라내고, 6등분으로 잘라 접시에 담는다.

조리의 포인트

1 배터액은 아주 얇게

고기의 단면을 위로 향하게 하여 담는 메뉴이기 때문에, 외관도 중요. 노란 배터액층이 두꺼워지지 않게, 다른 프라이보다 배터액을 얇게 묻힌다.

2 소고기를 익히는 데 여열이 한 과정

비프가스는 고온의 튀김기름에 넣어 단시간에 튀겨낸다. 이 단계에서는 튀김옷이 굳어 빵가루에 적당한 색이 나면 OK. 속은 아직 레어에 가까운 상태로, 조금 길게 휴지시켜 여열로 천천히 익힌다.

3 고기 속을 안정시킨다

비프가스를 휴지시키는 것은 여열로 미디엄레어로 완성하고 고기 속을 안정시키기 위함이다. 바로 자르면 피가 번져 튀김옷과 빵이 붉게 물들어버린다. 자를 때에도 누르지 않고, 가능한 한 힘을 가하지 않은 채로 칼의 움직임만으로 자르는 것을 목표로 한다.

4 랩으로 싸서 찐다

비프가스를 빵에 끼우고, 바로 자르지 않고 랩으로 싸서 잠시 둔다. 그러면 빵이 촉촉해지고, 비프가스와의 일체감도 증가한다.

양식당

레스토랑 사카키

도쿄 교바시

창업은 1951년. 교바시의 비즈니스가에 위치, 점심시간이 되면 포크진저, 햄버그, 프라이 등 대표적인 메뉴 덕분에 대기 줄이 끊이지 않는다. 2003년부터 가업을 물려받은 4대째 셰프로서 주방을 지키는 사카키바라 다이스케 씨는 프렌치 셰프 출신. 도쿄 요쓰야의 기타지마테이에서의 수업과 3년 반의 프랑스 경험에서 배운 기술을 살려, 저녁에는 클래식한 프랑스요리로 손님들을 즐겁게 해주고 있다.

메뉴 (발췌)

〈점심〉

평일
달걀프라이를 곁들인 햄버그* 1,150엔
멘치가스* 1,130엔
새우프라이* 1,300엔
치바산 하야시林SPF돈을 사용한 포크가스* 1,350엔
산리쿠산 굴프라이* 1,350엔
모둠프라이* 1,450엔
흑모 와규의 비프가스(샐러드 포함) 1,300엔

* 수프, 라이스 포함

토요일
코스 2종류 3,500엔~

〈저녁〉

아 라 카르트
홋카이도산 생성게알, 콩소메 줄레, 아보카도 무스 2,000엔
아마쿠사산 고하다小肌(작은 크기의 전어) 마리네이드와 니스풍 샐러드 1,480엔
시골풍 파테와 레귐 그레크 1,200엔
파타 필로로 감싼 해산물 구이 1,450엔
타스마니아 연어 뫼니에르, 향을 낸 버터와 케이퍼 소스 2,200엔
검은게르치와 버섯 비에누아즈식 뵈르 블랑 소스 2,500엔
모치돈 삼겹살과 삼원돈三元豚 소세지와 슈크루트 1,800엔
치바현산 하야시SPF돈 로스트와 씨 머스터드 소스 2,400엔
꿀과 레드와인으로 조린 와규 볼살과 폴렌타 2,300엔

코스 3종류 5,000엔~

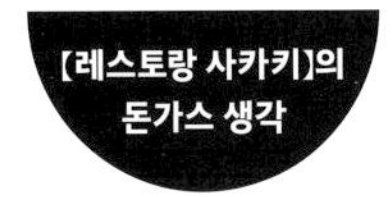

프렌치 셰프가 도전한, 밥에 어울리는 프라이.
고집스럽게 재료를 선택, 풍부한 베리에이션으로 제공.

지방육의 단맛이 은은하게 퍼지는 포크가스에, 탱탱하고 큼직한 새우프라이, 바다의 진액이 흘러넘치는 굴프라이. 한입 물면 재료가 가진 개성 강한 맛이 몰려든다. 곁들인 샐러드, 직접 만든 드레싱이나 타르타르소스는 고급스럽게 완성되어 특별한 날의 특별한 식사로서 일본에 들어온 양식의 정취를 현대에 고스란히 전하고 있다. 이러한 메뉴를 줄곧 제공해온 레스토랑 사카키는 도쿄 교바시에 가게를 차린 노포 양식당. 점심시간에는 연일 객석이 약 3회전하는 인기식당으로, 손님의 60% 정도가 프라이를 주문한다.

프라이는 기본적으로 평일 점심에만 하는 메뉴다. 포크가스, 새우프라이, 멘치가스, 게살크림고로케와 계절 한정인 굴프라이를 기본으로, 모둠프라이와 가스카레 등도 제공하고 있다. 창업 당시부터 줄곧 이어온 메뉴도 많지만, 2003년에 4대째인 사카키바라 다이스케 씨가 가게를 이어받은 이래, 레시피가 크게 변경되었다고 한다. "프랑스요리를 착실하게 했고, 27세에 이 가게의 주방에 들어왔기 때문에, 프라이는 이곳에서 일하게 되었을 때부터 정확하게 다시 공부를 하게 된 분야입니다"라는 사카키바라 씨. 평판이 좋은 돈가스집과 양식당 등에 먹으러 가거나, 경우에 따라서는 가르침을 청하기도 해서 가게의 메뉴를 업그레이드해왔다.

"프라이 메뉴는 대부분 형식이 정해져 있어서 다른 요리에 비해 모험을 할 수 없고, 그 속에서 자신다운 스타일을 확립하기에는 어려움도 있습니다. 심플한 요리이기 때문에, 신선한 재료를 사용하는 것과, 기본적인 일을 정성껏 하는 것을 중요시하고 있습니다." 한편 합리적인 가격을 유지하면서도 재료는 철저하게 엄선한다고 한다. 돼지고기는 정평이 난 브랜드 돼지고기를 먹어보고 비교하여, 가격 밸런스 또한 좋은 하야시SPF돈을 선택했다. 채소는 일본산, 어패류는 매일 아침 6시에 쓰키지(현재는 도요스)시장에 가서 사오는 것이 사카키바라 씨의 일과로, 그중에서도 선도가 생명인 굴은 매일 매입해 하루 4kg을 전부 소진한다.

'밥에 어울리는 프라이'를 콘셉트로 하고 있는 만큼, 어느 것이든 밑간은 확실하게 하여, 중심까지 확실하게 익히고, 겉은 노릇노릇하고 고소하게 완성한다. 소금을 뿌려 맛을 음미하기보다는, 중농소스나 타르타르소스를 듬뿍 묻혀 밥과 함께 먹는 것이 이 가게 프라이의 묘미이다. 세련되었으면서도 어딘가 서민적인 느낌으로 친숙해지기 쉬운 점이 많은 팬을 매혹하는 이유일 것이다.

[레스토랑 사카키 レストラン サカキ**]**

東京都中央区京橋 2-12-12 サカキビル 1F

03-3561-9676

❶ 도쿄역과 니혼바시의 중간 지점, 대기업이 모여 있는 지역에 위치. 선명한 파란색 차양이 상징인 식당은 깔끔한 프랑스요리점의 정취가 있다. ❷ 흰색을 기조로 한 깔끔한 가게 안은 적당히 캐주얼한 느낌도 있다. 객석은 전부 테이블석으로, 가게 안 한쪽은 편안한 분위기의 다이닝.

안전성에 있어서도 철저한 브랜드 돼지고기.
낮과 밤의 다양한 요리로 소진한다.

돼지고기는 치바산의 브랜드 하야시SPF돈을 사용한다. “육질이 촉촉하고 지방육에 단맛이 있는 고기 본래의 장점에 더해, 관리된 사료로 안전성이 높고 가격 밸런스도 매력적입니다”라는 사카키바라 씨. 등심은 한 줄 통째로 매입하여 다양한 메뉴에 나누어 사용한다. 예를 들어, 어깨쪽 지방육이 많은 부분은 포크진저에 사용하는데, 구워서 적당히 기름을 뺀다. 한편, 가스카레에 사용하는 가스는 카레와 함께 먹기 편하게 허리쪽 지방육이 적은 부분을 사용하고 두드려서 얇게 편 후에 튀긴다. 잘라낸 지방육은 리예트에 사용하는 등, 재료를 낭비 없이 사용하려는 생각도 게을리하지 않았다.

달걀물에 기름과 물을 넣어
가벼운 식감의 튀김옷으로.

가루와 빵가루는 사카키바라 씨가 4대 점주로 일하기 이전부터 사용했던 것들을 계속 사용하고 있다. 가루는 박력분, 빵가루는 도내의 빵가루 업체의 것으로, 중간 정도의 굵기로 살짝 단맛이 있고, 튀겼을 때 색이 잘 나는 것을 선택. 달걀물에 동량의 물과 기름을 넣는 것도 특징인데, “달걀물에 물과 기름을 섞어 유화시킴으로써, 튀겼을 때 수분이 증발하여 튀김옷에 구멍이 생겨 바삭한 식감으로 완성된다”(사카키바라 씨)라고 한다. 이전에는 이것에 가루를 넣어 배터액을 만들었으나, 튀겼을 때 튀김옷의 식감이 무겁게 느껴졌기 때문에, 박력분을 묻힌 후에 달걀물에 버무리는 현재의 방법으로 변경했다.

튀김
기름

라드 100%의 기름을 170℃로 고정.
그것을 전제로 한 메뉴를 설계.

점심은 양식, 저녁은 프랑스요리를 제공하므로 프라이의 주문은 점심시간에 집중된다. 햄버그와 포크진저 등 프라이팬에서 조리하는 메뉴와 프라이를 동시에 만드는 경우가 많기 때문에 ,프라이의 조리에는 온도 관리가 편한 프라이어를 활용한다. 기름의 온도는 170℃로 고정하고, 그것을 전제로 각 메뉴의 사이즈와 튀김 시간을 정해놓았다. 기름은 “모든 재료와 궁합이 좋고, 식어도 맛있게 먹을 수 있다”(사카키바라 씨)라는 이유에서 라드만 쓴다. 점심때는 프라이 주문이 30개를 넘는 경우도 있기 때문에, 점심 영업 중에만 튀김기름을 3~4회 교체하여 신선한 상태를 유지하고 있다.

제공
방법

데미글라스가 아닌 중농소스를 제안.
곁들임으로 색감 좋은 한 접시를 완성.

‘밥에 어울리는 프라이’를 콘셉트로, 포크가스나 멘치가스는 데미글라스 소스가 아닌, 돈가스 소스에 먹는 것을 추천. 소스는 간토지방에서 오래전부터 친숙한 ‘불도그’ 브랜드의 중농소스를 준비한다. “우스터소스보다도 감칠맛과 단맛이 진하고 농도가 있기 때문에 밥과도 어울립니다”라는 사카키바라 씨. 접시에는 양배추에 당근과 새싹채소를 섞은 콜슬로와 토마토, 감자샐러드를 곁들여 양식당스러운 화사함을 더했다. 샐러드용 당근 드레싱은 직접 만든 것으로, 간장을 넣은 일본풍의 맛.

지바산 하야시SPF돈 포크가스

하야시SPF돈은 육질이 부드럽고 촉촉하며 지방육에 단맛이 있는 것이 특징.
소금으로 확실하게 밑간하여 튀김옷으로 감싸 속까지 익혔다.
고소하고 바삭해서 경쾌한 식감으로 감칠맛과 단맛이 입안에 퍼진다.

조리의 흐름

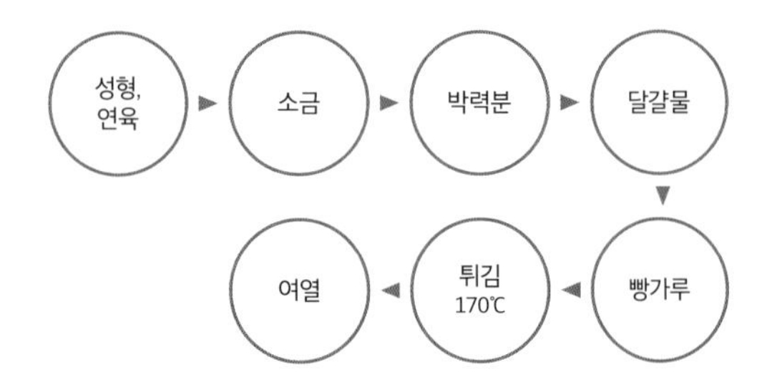

재료 (1접시분)

돼지고기 등심육* 손질한 것 200g
소금 적량
박력분 적량
달걀물** 적량
빵가루 적량
튀김기름(라드) 적량
곁들임: 콜슬로(양배추, 당근, 적양파, 새싹), 토마토, 감자샐러드

* 돼지고기 등심육은 한 줄 통째로 매입하고 있으나, 사전에 밑손질은 하지 않고, 주문이 들어오면 자른 후 지방육과 힘줄을 제거한다.
** 볼에 전란 10개, 물 100ml, 식용유 100ml를 넣고 거품기로 골고루 섞은 뒤 시누아(체)에 거른다.

만드는 방법

속까지 균일하게 익은 모습.

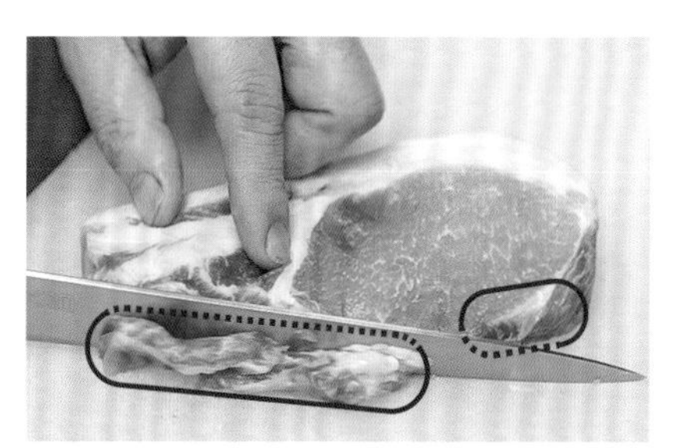

❶ 등심육을 200g 이상으로 자른다. 밑쪽의 힘줄이 많은 부분(검은 테두리)과 등쪽의 불필요한 지방육을 잘라낸다.

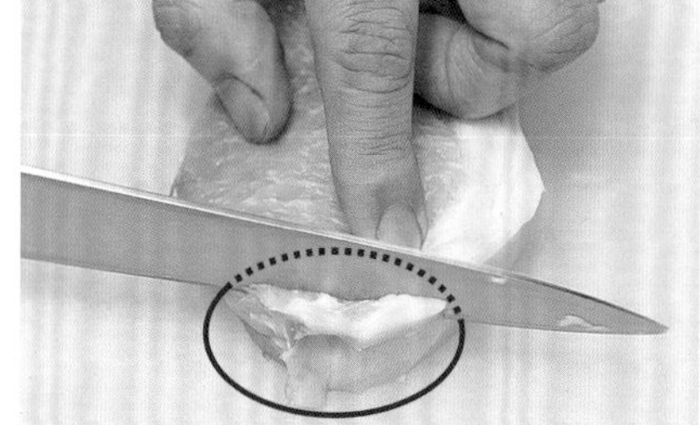

❷ 힘줄이 많은 끝 부분(검은 테두리)을 잘라낸다.

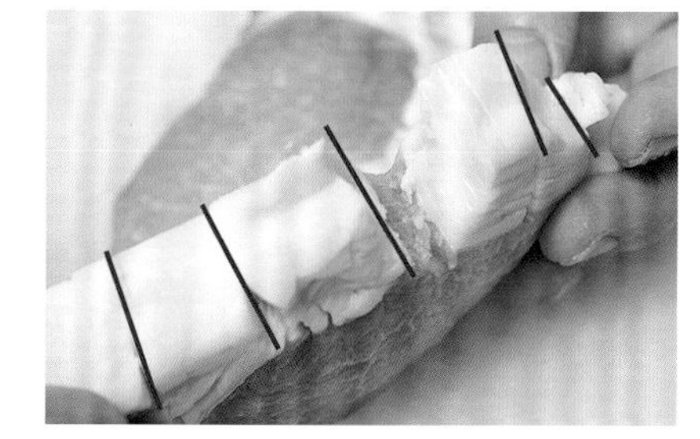

❸ 등 지방육의 힘줄을 약 1.5cm 간격으로 자른다. 그중 한군데는 사진처럼 깊게 자른다.

❹ 양면에 소금을 골고루 뿌린다.

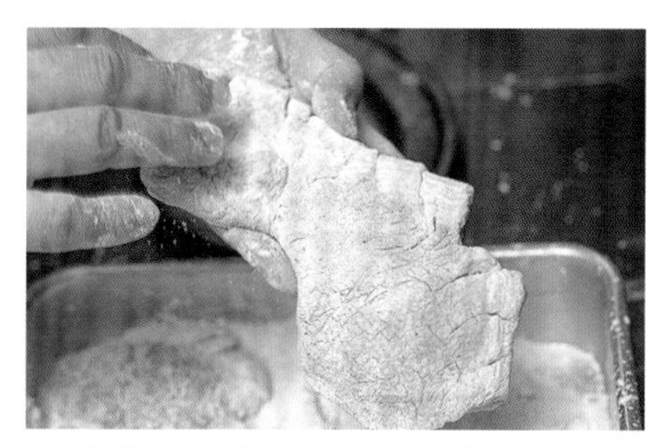

❺ 박력분을 묻히고 손으로 털어 여분의 가루를 떨어낸다.

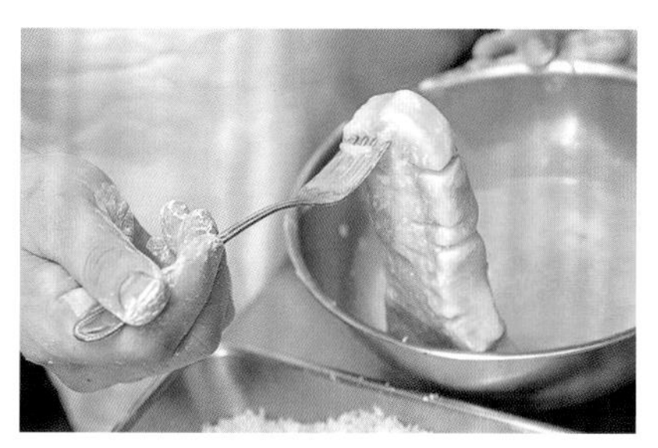

❻ 포크를 사용해 달걀물에 버무리고 여분의 달걀물을 확실하게 떨어낸다.

❼ 빵가루가 들어 있는 바트에 옮겨, 손으로 여러 번 가볍게 쥐듯이 하여 자연스럽게 빵가루를 묻힌다.

❽ 170℃의 튀김기름에 넣고 5분 튀긴다. 튀기는 동안에는 되도록 건드리지 말고, 튀김옷이 굳으면 한 번 뒤집는다.

❾ 튀김망에 놓고 휴지시켜, 기름을 빼면서 여열로 익힌다. 이 과정은 1분 30초~2분. 잘라서 접시에 담는다.

조리의 포인트

1 지방육이 적은 부분을 사용

지방육이 많은 부분은 돈가스에 사용하면 느끼함이 느껴지기 때문에, 등심 한 줄 중에서도 비교적 지방육이 적은, 가운데에서부터 허리쪽 부분을 사용. 튀길 때 익는 정도에 차이가 생기지 않도록 가능한 한 같은 두께로 자른다.

2 식감의 첫번째 인상에 유의

돈가스는 끝에서부터 먹는 사람도 많아서, 끝에 있는 힘줄은 남겨두면 맨 처음 먹었을 때의 인상이 나빠지기 때문에 제거한다. 등 지방육의 힘줄을 칼로 자르는데, 그중 한군데는 깊게 잘라서 튀겼을 때 뒤틀림을 적게 한다.

3 튀김기름은 170℃로 유지

튀김뿐만 아니라 폭넓은 양식 메뉴를 제공하고 있기 때문에, 튀김은 전부 프라이어에서 조리. 기름은 온도는 170℃로 고정하여, 돈가스의 경우에는 5분 튀기고, 튀김망에 건져올려 1분 30초~2분 휴지시켜 여열로 완성한다.

4 속까지 확실하게 열을 가한다

"고기에 열을 어설프게 가하면, 맥없는 식감이 남아 맛이 없습니다"(사카키바라 씨)라는 생각에 고기는 확실하게 익힌다.

굴프라이

단골손님들이 매년 손꼽아 기다리는 굴프라이는 산리쿠산 생굴을 사용한 겨울 한정 메뉴.
아낌없이 굴 두 개를 한 덩이로 뭉쳐 튀겨 진득하게 중심까지 익힌다.
마치 생굴처럼 둥글게 부푼, 육즙 넘치는 식감으로 진한 맛도 느낄 수 있다.

조리의 흐름

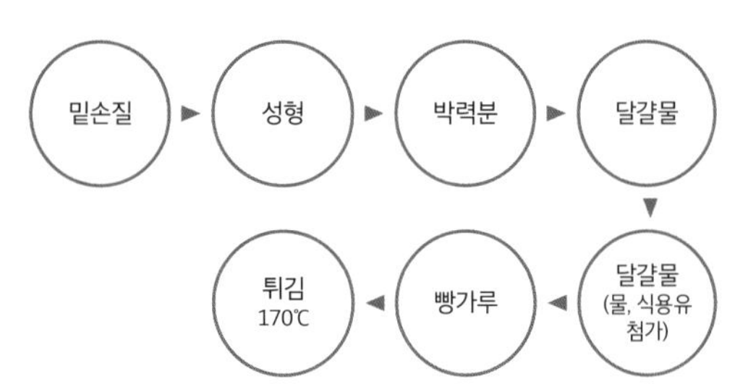

재료 (1접시분)

생굴(깐 것) 10개
박력분 적량
달걀물* 적량
빵가루 적량
튀김기름(라드) 적량
곁들임: 콜슬로(양배추, 당근, 적양파, 새싹), 토마토,
감자샐러드, 타르타르소스(다음쪽 참조)

*볼에 전란 10개, 물 100ml, 식용유 100ml를 넣고 거품기로
골고루 섞은 뒤 시누아에 거른다.

만드는 방법

굴 두 개를 한 덩어리로 뭉친 독특한 스타일.

❶ 굴은 체에 밭쳐 물기를 빼고, 씻지 않고 키친타월로 물기를 닦아낸다.

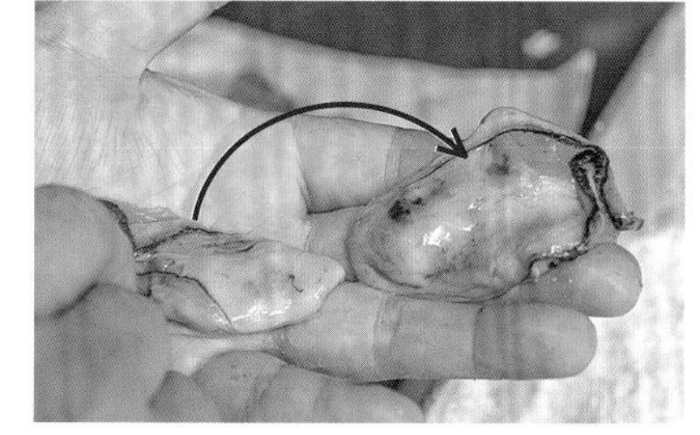

❷ 굴 2개를 같은 방향으로 놓고 겹쳐둔다. 이것을 5세트 준비하여 1접시 분량으로 한다.

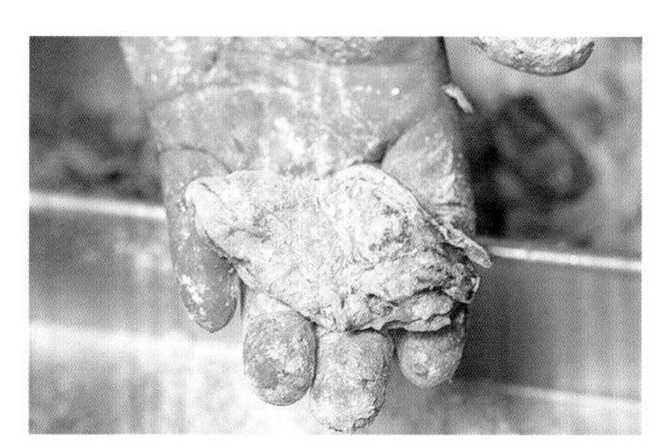

❸ 굴 2개를 겹친 상태로 박력분을 묻히고 여분의 가루를 떨어내가며 형태를 잡는다.

❹ 달걀물에 버무리고 여분의 달걀물을 확실하게 떨어낸다.

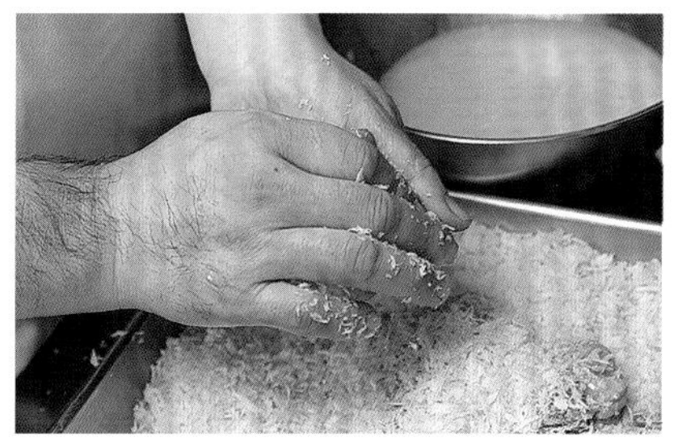

❺ 빵가루가 들어 있는 바트로 옮겨, 주먹밥을 쥐는 것처럼 빵가루를 살살 묻힌다.

❻ 170℃의 튀김기름에 3~4분 튀긴다. 튀김망에 놓고 기름을 뺀 뒤 접시에 담는다.

조리의 포인트

1 굴은 씻지 않는다

굴은 물 등에 씻으면 지저분한 것들과 함께 굴의 감칠맛도 씻겨버리기 때문에, 씻지 않고 사용한다. 또한 굴이 가진 염분을 살려 소금은 뿌리지 않고 그대로 가루와 달걀물을 묻힌다.

2 2개를 겹쳐서 감칠맛 높인다

튀기는 시간을 일정하게 하기 위해 형태가 일정하지 않은 굴을 크기가 같은 것들로 정리하여 2개 겹쳐서 튀김옷을 입힌다. 이렇게 하면 1개만 튀길 때보다 더 폭신하고 육즙이 풍부해진다.

타르타르 소스 만드는 방법

(만들기 쉬운 분량)

마요네즈 1.1kg
- 달걀노른자 4개분
- 프렌치머스터드 3g
- 소금 9g
- 흰후추 1g
- 화이트와인비네거 55g
- 셰리비네거 45g
- 식용유 1L

삶은 달걀(다진 것) 3개분

코르니숑(오이피클, 다진 것) 45g

케이퍼(초절임, 다진 것) 11알

양파(다진 것) 1개

❶ 마요네즈를 만든다. 볼에 노른자, 프렌치머스터드, 소금, 흰후추를 넣고 저어 섞은 뒤 화이트와인비네거, 셰리비네거를 넣고 잘 섞는다.

❷ ❶에 식용유를 조금씩 넣고 섞어, 천천히 유화시킨다.

❸ ❶에서 완성한 마요네즈 1.1kg에 삶은 달걀, 코르니숑, 케이퍼, 양파를 넣고 섞는다.

새우프라이

황금색 타르타르소스의 바다에 늠름하게 서 있는 당당한 풍채.
대형 블랙타이거는 탱탱한 탄력과 함께 감칠맛도 일품.
타르타르소스는 듬뿍 찍어 먹을 수 있게 점도와 건더기 채소의 크기도 고려했다.

조리의 흐름

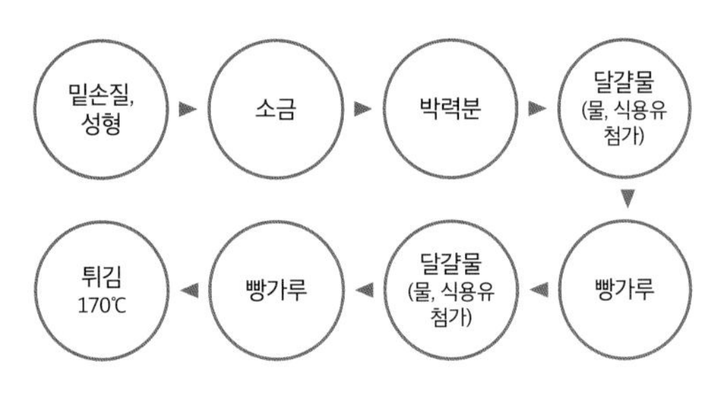

재료 (1접시분)

블랙타이거(냉동) 3마리
중조 적량
소금 적량
박력분 적량
달걀물* 적량
빵가루 적량
튀김기름(라드) 적량
곁들임: 콜슬로(양배추, 당근, 적양파, 새싹), 토마토, 감자샐러드, 타르타르소스, 레몬

*볼에 전란 10개, 물 100ml, 식용유 100ml를 넣고, 거품기로 골고루 섞은 뒤 시누아에 거른다.

만드는 방법

2번 묻힌 튀김옷으로
감칠맛을 가둔다.

❶ 블랙타이거는 물에 담가 해동하고, 대가리와 내장을 제거한 후 껍질을 벗긴다.

❷ ❶을 볼에 넣고 중조와 소금을 넣고 골고루 주무른다. 흐르는 물에 씻고, 키친타월로 물기를 닦아낸다.

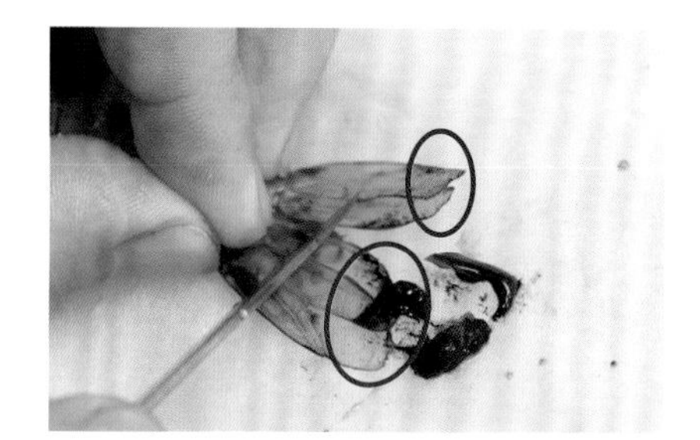

❸ 꼬리를 칼끝으로 긁어 지저분한 것들을 제거하고, 꼬리 끝 부분(검은 테두리)을 잘라낸다.

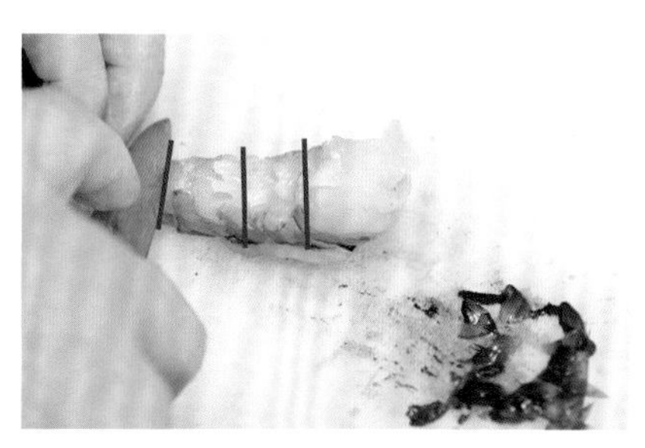

❹ 등 내장을 제거하고, 배쪽에 3~4군데, 비스듬하게 칼집을 넣는다.

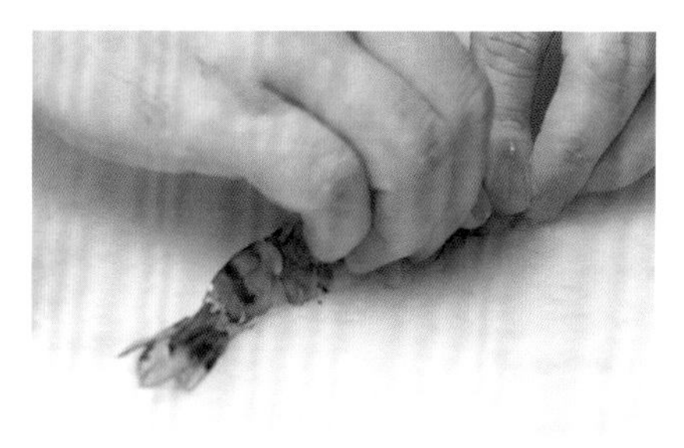

❺ 등을 위로 하여 놓고, 새우살을 3군데 정도 손가락으로 꼬집듯 하여 눌러 으깨, 곧게 펴진 모습이 되도록 늘린다.

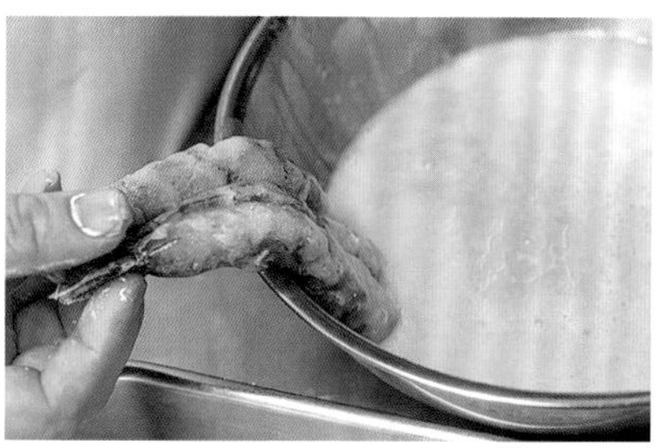

❻ 등을 위로 한 상태로 소금을 뿌린다. 박력분을 묻히고 손으로 털어 여분의 가루를 떨어낸다. 꼬리를 잡고 달걀물에 버무리고 여분의 달걀물을 확실하게 떨어낸다.

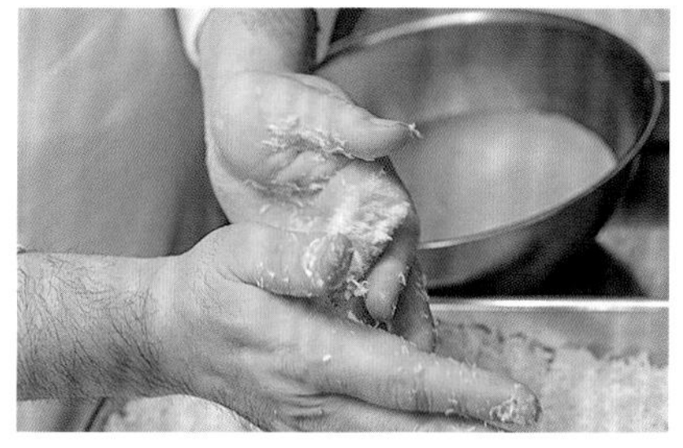

❼ 빵가루를 빈틈없이 묻히고, 양손 사이에 넣어 굴리듯 하여 여분의 빵가루를 떨어낸다.

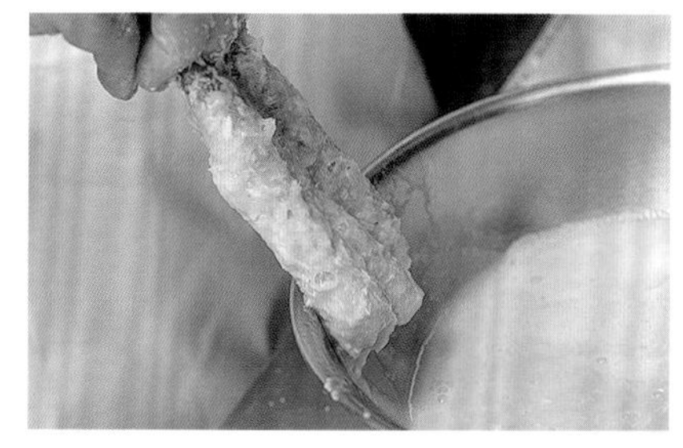

❽ 다시 달걀물에 버무리고 여분의 달걀물을 확실하게 떨어낸다.

❾ 빵가루를 폭신하게 묻히고 170℃의 튀김기름에 넣고 2분간 튀긴다. 튀김망에 놓고 기름을 뺀 뒤 접시에 담는다.

조리의 포인트

1 중조와 소금으로 씻는다

새우는 껍질을 벗기고 나서 중조와 소금으로 문질러 씻는다. 지저분한 것들과 냄새가 제거될 뿐 아니라, 보존기간을 늘려주는 효과도 있다.

2 달걀물→빵가루는 2회

새우의 감칠맛을 가두고 곧게 선 모습으로 튀기기 위해, 달걀물→빵가루는 2회 하여, 새우를 확실하게 코팅한다. 첫번째는 새우의 주변에 얇게 붙이듯 하고, 두번째는 폭신하게 묻힌다.

3 단시간에 튀긴다

새우는 너무 오래 튀기면 살이 단단해지기 때문에, 단시간에 튀기는 것이 기본. 이 가게에서는 새우프라이에만 타이머를 사용하여 오래 튀겨지지 않게 세심한 주의를 기울이고 있다.

게살크림고로케

**밀키한 베샤멜소스에 게살의 감칠맛이 녹아 있는 크림 고로케는,
양식당만의 정성스러운 준비를 느낄 수 있는 훌륭한 메뉴.
향미채소와 버섯의 단맛과 향이 게의 진한 맛을 뒷받침해준다.**

조리의 흐름

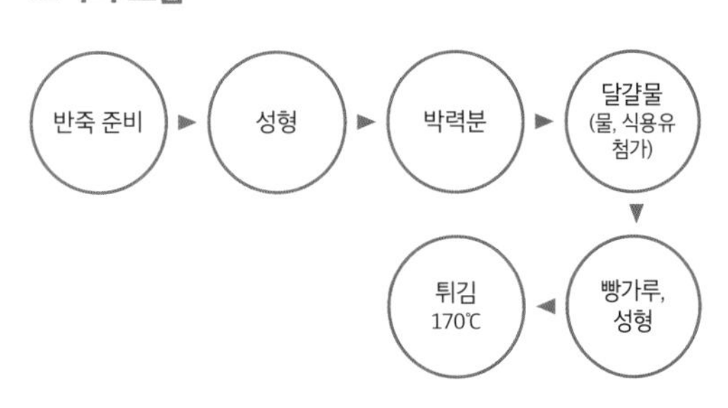

재료 (1접시분)

반죽 180g(개당 60g)
- 양파(다진 것) 150g
- 당근(다진 것) 80g
- 셀러리(다진 것) 50g
- 양송이버섯(다진 것) 30g
- 버터 150g | 소금 적량
- 게살(캔 제품) 150g
- 화이트와인 30ml
- 박력분 100g | 우유 800ml

박력분 적량
달걀물* 적량
빵가루 적량
튀김기름(라드) 적량
곁들임: 콜슬로(양배추, 당근, 적양파, 새싹), 토마토, 감자샐러드

*볼에 전란 10개를 넣고, 물 100ml, 식용유 100ml를 넣고 거품기로 골고루 섞은 뒤 시누아에 거른다.

만드는 방법

게살과 향미채소로 건더기가 듬뿍.

❶ 반죽을 준비한다. 냄비에 버터 35g을 녹인 뒤 양파를 넣고, 투명해지고 숨이 죽을 때까지 볶는다. 당근, 셀러리, 버터 15g을 넣고 고루 볶은 다음 양송이, 소금 1꼬집을 넣고 섞는다.

❷ 게살을 짜서 즙을 뺀다. 즙은 덜어놓고, 살은 ❶에 넣고 섞는다. 화이트와인을 넣고 알코올을 날린 후 소금 적량을 넣고 간을 한다.

❸ ❷와 동시에, 다른 냄비에 버터 100g을 녹인 뒤 박력분을 넣고 젓는다. 가루가 보이지 않게 되면 우유를 조금씩 넣어가면서 거품기로 고루 저어 섞는다.

❹ ❸이 충분히 섞여 크림 상태가 되면 화력을 강하게 하여 적당한 농도가 될 때까지 섞어가면서 가열한다. ❷에서 덜어놓았던 게살즙을 넣고 섞은 뒤 다시 한번 끓인다.

❺ ❹에 ❷의 게살과 채소를 넣어 섞고, 소금 적량을 뿌려 확실하게 맛을 들인다.

❻ 바트에 펼쳐넣고 랩을 팽팽하게 덮은 뒤 밑바닥에 얼음물을 받쳐 식힌다. 잔열을 날리고 나서 1개 60g으로 계량하여, 공 모양으로 둥글린다.

❼ 박력분을 묻히고 반죽을 손 위에서 굴려 여분의 가루를 떨어낸다. 달걀물에 버무리고 포크로 건져올려 여분의 달걀물을 떨어낸다.

❽ 빵가루가 들어 있는 바트에 옮겨, 주먹밥을 쥐는 것처럼 이미지로 빵가루를 살살 묻혀준다.

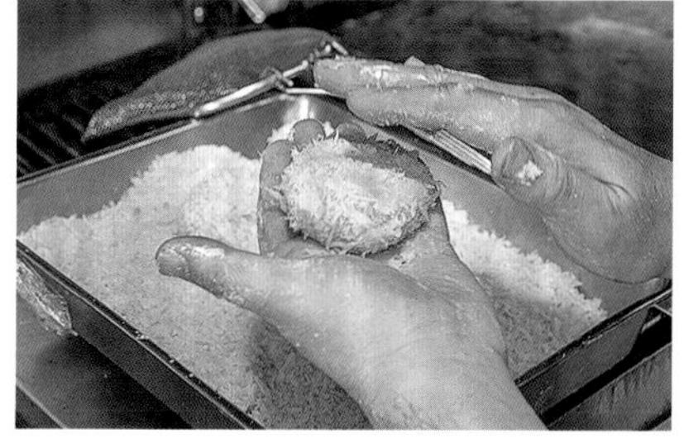
❾ 손바닥으로 가볍게 눌러 약간 평평하게 만든다. 170℃의 튀김기름에 넣고 4~5분 튀긴다. 튀김망 위에 놓고 기름을 뺀 뒤 접시에 담는다.

조리의 포인트

1 밑간을 확실하게 한다

베샤멜소스와 채소 각각에 밑간을 하긴 하나, 이것들을 합친 후에도 다시 한번 소금으로 조미하여 아무것도 찍지 않고 그대로 먹을 수 있을 정도의 맛으로 정리한다.

2 일단 공 모양으로 성형

반죽은 부드럽기 때문에, 다루기 쉬운 공 모양으로 일단 모양을 잡은 후에 튀김옷을 묻힌다. 그러고 나서 약간 평평하게 눌러 속까지 열이 가해지기 쉬운 형태로 만들어 튀긴다.

멘치가스

굵게 간 고기의 씹는 맛이 있는, 감칠맛 듬뿍, 사카키의 햄버그.
그 반죽에 생양파를 더해 바삭하게 튀기면, 육즙이 넘쳐흐르는 멘치가스로 변신.
데미글라스 소스가 아닌 소스에 찍어먹는 것도 사카키의 스타일.

조리의 흐름

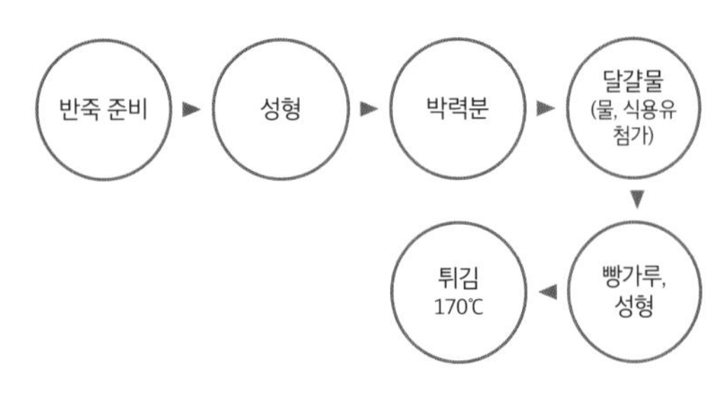

재료 (만들기 쉬운 분량, 개당 65g)

햄버그 반죽 450g
- 간 소고기 3kg
- 간 돼지고기 1kg
- 소금 42.5g | 흰후추 2g
- 너트메그 가루 2g
- 우유 650ml
- 볶은 양파* 175g
- 빵가루 195g
- 전란 6.5개

양파(굵게 다진 것) 50g
박력분 적량
달걀물** 적량
빵가루 적량
튀김기름(라드) 적량
곁들임: 콜슬로(양배추, 당근, 적양파, 새싹), 토마토, 감자샐러드

* 양파를 다져서 숨이 죽을 때까지 식용유에 볶는다.
** 볼에 전란 10개, 물 100ml, 식용유 100ml를 넣고, 거품기로 골고루 섞은 뒤 시누아에 거른다.

만드는 방법

굵게 간 고기와 양파가 함께 두드러지는 맛.

❶ 햄버그 반죽을 만든다. 볼에 재료를 전부 넣고 고루 섞는다. 사진은 섞는 작업이 끝난 상태.

❷ 햄버그 반죽 450g을 떼어 다른 볼에 옮기고, 굵게 다진 양파를 넣고 잘 섞는다.

❸ 1개 65g으로 계량하여 둥글린다.

❹ 박력분을 골고루 묻히고 여분의 가루를 떨어낸다.

❺ 달걀물에 버무리고 포크로 건져올려 여분의 달걀물을 떨어낸다.

❻ 빵가루를 빈틈없이 묻힌다.

❼ 손바닥으로 살짝 눌러 타원형으로 모양을 만든다.

❽ 170℃의 튀김기름에 6~7분 튀긴다. 사진과 같이 떠오르게 되면 튀김이 완성된 타이밍.

❾ 튀김망 위에 놓고 기름을 뺀 뒤 접시에 담는다.

조리의 포인트

1 햄버그의 반죽을 활용

햄버그용으로 준비한 반죽의 일부를 떼어내어, 거기에 생양파를 넣어 멘치가스의 반죽으로 한다. 재료를 더 준비하지 않고 메뉴를 늘린 아이디어.

2 신선한 양파를 더한다

햄버그의 반죽에는 볶은 양파를 넣고 있으나, 멘치가스 반죽에는 거기에 생양파를 더한다. 그러면 튀겼을 때 양파의 수분이 나와 육즙과 합쳐져 입안 가득 흘러넘치는 식감을 만들어낸다.

돈가스의 기술

도쿄 맛집 여덟 곳의 특급 레시피

1판1쇄 펴냄 2020년 12월 10일
1판5쇄 펴냄 2024년 1월 26일

엮은이 시바타쇼텐
펴낸이 김경태 **편집** 홍경화 양지하 한홍비
디자인 김리영 / 박정영 김재현 **마케팅** 김진겸 유진선 강주영
펴낸곳 (주)출판사 클
출판등록 2012년 1월 5일 제311-2012-02호
주소 03385 서울시 은평구 연서로26길 25-6
전화 070-4176-4680 **팩스** 02-354-4680 **이메일** bookkl@bookkl.com

ISBN 979-11-90555-34-0 13590

▹ 이 도서의 국립중앙도서관 출판예정도서목록(CIP)은 서지정보유통지원시스템 홈페이지(http://seoji.nl.go.kr)와 국가자료공동목록시스템(http://www.nl.go.kr/kolisnet)에서 이용하실 수 있습니다.(CIP제어번호: CIP2020048314)